집수리 닥터 강쌤의

셀프 집수리

Prologue

사랑하는 가족이 머무는 소중한 집
내 손으로 가꾸고 고치는 즐거움을 누려보세요

"환풍기가 고장 났어요. 새 걸로 교체해주세요."

"싱크대가 막혔나 봐요. 와서 좀 봐주세요."

사람이 아프면 병원에 가듯, 집에 잔고장이 나면 수리점을 찾습니다. 25년 동안 작은 철물점을 운영하면서 이런 요청들을 참 많이 받았습니다. 현장에 가보면 다양한 상황이 벌어져 있습니다. 새것으로 바꾸는 게 능사가 아니라, 조금만 손보면 몇 년은 더 너끈하게 쓸 수 있는 경우도 많습니다. 집수리는 정말 재미있는 일입니다.

출장 수리를 부르기 전에 소소한 고장쯤은 직접 고쳐보시라고 권하기도 하지만, 사실 참고할 만한 책도, 기술을 배울 데도 마땅치 않습니다. 그래서 시작한 것이 유튜브입니다. 현장 경험으로 얻은, 좀 더 쉽게 수리할 수 있는 요령들을 많은 사람들과 나누고 싶었습니다. 서툴지만 작은 아이디어라도 놓치지 않으려고 열심히, 꾸준히 동영상을 만들었습니다. 고맙게도 많은 분들이 찾아주고 배우고 싶어 해 집수리 강좌도 열게 되었습니다.

집은 사람이 사는 터전입니다. 집을 안전하고 튼튼하게 고치는 일은 우리의 삶을 더 든든하고 행복하게 만드는 일이라고 생각합니다. 내 집을 직접 고치고 가꿀 수 있다면 그보다 보람 있는 일도 없을 겁니다.

직업으로도 추천합니다. 100세 시대에 한두 가지 직업을 더 선택한다면 집수리처럼 좋은 일도 없을 것입니다. 어떤 집이든 시간이 지나면 낡고 고장이 생기게 마련이니까요.

출간 제의를 받았을 때 처음엔 자신이 없어 망설였습니다. 하지만 그간의 동영상을 잘 정리하면 집수리 기술을 배우려는 분들에게 좋은 교과서가 되고, 일반인들에게는 '구급상자'처럼 유익한 정보가 되리라고 생각해 용기를 냈습니다. 사랑하는 가족이 머무는 소중한 집, 그곳을 내 손으로 가꾸고 고치는 즐거움을 이 책을 통해 얻으시길 바랍니다.

강쌤 강태운

Contents

Contents

필요한 도구와 기본 알기

내 손으로 직접 집수리를 하려면 간단한 공구상자 하나쯤은 갖추는 게 좋다. 실수 없이 멋지게 실력을 발휘하려면 정확한 도구 사용법과 자주 쓰는 기본 기술도 익혀 둘 필요가 있다. 집수리에 필요한 도구와 재료, 도구의 올바른 사용법과 기본 기술을 알려준다.

집수리에 필요한 기본 도구

줄자

폭이 좀 넓은 국산 제품이 길이를 잴 때 휘어지지 않아 편하다. 잠금 장치가 있고 길이가 3~5m인 것이 적당하다.

+ plus 줄자 안전하게 사용하기

대형 줄자는 측정하고 나서 고정 장치를 풀면 자동으로 빠르게 감겨 들어가면서 자칫 손을 벨 수 있다. 사용하고 나서 집어넣을 때 검지를 줄자 밑에 받친 뒤 고정 장치를 풀고 검지를 뗐다 받쳤다를 반복하면서 집어넣으면 안전하다. 줄자의 뒷면은 둥글게 되어있어 손을 다칠 염려가 없다.

커터

재료를 자르고 긁어내는 등 다양하게 사용하므로 자루가 튼튼한 걸 고른다. 크기는 대, 중, 소가 있는데 큰 것 하나면 충분하다. 칼날은 녹슬지 않게 전용 통에 입구를 꼭 막아 보관한다. '도루코' 칼날을 추천한다.

망치

다양한 모양과 크기가 있는데, 못을 뽑을 수 있는 노루발이 달린 장도리가 가장 두루 쓰인다. 손잡이는 나무나 고무로 되어있고 어느 정도 무게감이 있는 것이 좋다.

톱

얇은 합판이나 각목, PVC 등 어떤 재질, 어느 정도의 두께를 자르는지에 따라 필요한 톱 종류가 다르다.

다용도 만능 톱 | 실톱 등 다양한 날이 있어 용도에 맞는 날을 끼워 사용한다. 나무, 쇠, PVC 등을 자를 수 있다.

쥐꼬리 톱 | 석고보드를 자를 때 많이 사용된다. 잘 휘어져 곡선으로 자를 때 좋다.

접톱 | 널빤지나 나무를 자르는 데 가장 흔히 사용한다.

드라이버

집수리를 하다 보면 나사못이 쓰이지 않는 데가 거의 없다. 나사못을 풀고 죄는 일자 드라이버와 십자 드라이버는 필수다. 손잡이는 힘을 꽉 주어 단단하게 잡을 수 있도록 묵직하고 각진 것을 고른다. 한쪽은 일자, 반대쪽은 십자로 되어있고 길이 조절이 되는 제품도 유용하다. 작은 나사못에 필요한 정밀 드라이버도 저렴한 세트로 하나 있으면 좋다.

일자 드라이버

십자 드라이버

양 방향 드라이버

정밀 드라이버 세트

육각 렌치

육각 홈이 나 있는 나사못을 조이거나 풀 때 필요한 L자 모양의 렌치. 다양한 크기로 구성된 세트를 구입한다.

펜치

철사나 전선을 자르거나 구부리는 데 사용한다. 재료를 힘 있게 눌러서 납작하게 만들 수 있다.

니퍼

한쪽은 열려있고 한쪽은 닫힌 형태로 되어있어 전선을 자르거나 전선의 피복을 벗겨낼 때 사용한다.

롱노즈 플라이어

플라이어의 일종으로 흔히 줄여서 롱노즈라고 부른다. 구부리고 당기고 끼우는 등 여러 용도로 사용된다. 작은 부속을 집을 때, 손을 넣을 수 없는 좁은 곳에 작업할 때 필요하다. 망치로 못을 박을 때 롱노즈에 끼우고 작업하면 손을 다칠 염려가 없다

다목적 가위

니퍼 대신 전선을 자르거나 피복을 벗겨낼 때도 사용할 수 있는 범용 가위. 가볍고 가격도 저렴하므로 하나쯤 갖춰 놓으면 좋다.

멍키 스패너

육각으로 된 너트를 꽉 잡아서 풀거나 조일 때 사용한다. 크기별로 긴 타입, 짧은 타입이 있고 가격도 다양한데, 굳이 비싼 걸 살 필요는 없다.

워터펌프 플라이어

수도배관을 수리, 교체하는 데 꼭 필요한 도구로 흔히 '젤라'라고 부른다. 멍키 스패너와 기능은 비슷한데 쓰기가 더 쉽고 다양하게 활용할 수 있다. 12인치 정도면 무난하다.

로킹 플라이어

수도배관이 오래 되어 너트가 잘 안 돌아가거나 너트와 배관이 같이 돌아갈 때, 부식되어 파손 위험이 있을 때 배관을 꽉 잡아주는 데 사용한다. 바이스그립 플라이어라고도 한다.

파이프 렌치

멍키 스패너나 워터펌프 플라이어는 너트를 풀거나 조이는 반면, 파이프 렌치는 너트가 없는 파이프를 잡아 고정하거나 돌리는 데 필요하다. 일반 가정에서는 꼭 갖추지 않아도 무방하다.

전동 드릴

드릴은 나사못과 볼트를 박거나 풀 때, 목재, 콘크리트 등에 구멍을 낼 때 사용하는 도구이다. 가정용으로는 배터리를 장착한 충전식 드릴을 추천한다.

일반 전기 드릴 | 속도 조절은 가능하지만 충전식보다 드라이버 기능이 다양하지 않다. 충전식보다 힘이 좋기 때문에 장시간 콘크리트 벽을 뚫을 때 사용한다. 가격이 충전식보다 저렴하지만, 전선이 있어 이동하면서 사용하기에 불편하다.

충전식 전동 드릴 | 드릴 척에 다양한 드릴 비트를 끼워 사용할 수 있어 나사못이나 볼트를 박거나 풀 때 유용하고, 드릴 모드로 변경해 나무나 얇은 철판 정도에 구멍을 뚫을 수 있다. 해머 기능은 콘크리트 벽을 뚫을 때 사용한다. 제품에 따라 해머 기능이 없는 경우도 있다.

충전식 해머 드릴 | 일반 전동 드릴의 모든 기능이 있고, 해머 기능으로 설정하면 수직으로 비트를 타격해 콘크리트나 대리석, 타일을 뚫을 수 있다.

임팩트 드릴 | 한 가지 비트만 끼울 수 있고, 다양한 크기의 비트를 끼우려면 소켓 비트를 따로 장착해야 한다. 해머 드릴처럼 수직으로 타격하는 것이 아니라 회전하면서 타격하므로 힘을 주어 박거나 풀어야 하는 긴 타입의 볼트와 너트 작업에 유용하다. 목재나 철판에 타공할 수 있지만 콘크리트 벽을 뚫기는 어렵다. 일반 가정에서보다 목공이나 인테리어 전문가에게 적합하다.

전동 드릴 비트

용도에 따라 전동 드릴에 끼워 사용하는 부품으로, 크게 드라이버 비트와 드릴 비트가 있다.

 **드라이버 비트** | 드라이버 비트는 나사못을 박거나 풀 때 전동 드릴에 끼워 사용한다. 용도에 따라 길이와 굵기가 다양하므로 세트로 구입하는 것이 좋다.

드릴 비트 | 목재나 철판, 벽에 구멍을 뚫을 때 전동 드릴에 끼워 사용하는 칼날로 일명 '기리'라고 한다. 맨 앞의 날은 타격 용도이고, 몸체에 홈이 파여있어 구멍을 뚫으면서 나오는 가루를 밖으로 배출한다. 드릴 비트는 저렴한 세트를 구입하기보다 필요할 때마다 성능이 좋은 것으로 사서 구비하는 것이 좋다.

• 콘크리트용 드릴 비트
타일용과 비슷하게 생겼지만 끝이 납작하다. 전동 드릴을 해머 기능으로 설정한 뒤 작업한다.

• 타일용 드릴 비트
욕실 타일과 타일 뒤의 콘크리트 벽면에 타공할 수 있다. 타일을 뚫을 때는 드릴 기능으로 뚫다가 해머 기능으로 전환한다.

• 철재용 드릴 비트
방화문, 철판 등에 구멍을 뚫을 때 사용한다. 장시간 사용하면 열이 나고 날이 무뎌질 수 있으므로 중간중간 찬물에 날을 담가 식히면 좋다.

• 스테인리스용 드릴 비트
스테인리스 전용으로 철재 타공도 가능하다.

실리콘 건

실리콘 카트리지를 끼워 총처럼 쏘면서 실리콘을 바르는 도구.

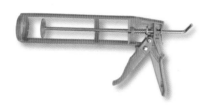

일반 실리콘 건 | 소시지 실리콘을 제외한 여러 실리콘에 두루 사용할 수 있다.

커터 내장형 실리콘 건 | 실리콘의 원뿔 캡과 노즐을 잘라낼 수 있는 커터가 내장되어있다.

스크래퍼

흔히 '헤라'라고 부르며, 주로 벽이나 바닥의 이물질을 긁어내는 용도로 사용한다. 표면을 다듬거나 구멍을 메울 때도 이용한다. 저렴한 기본형부터 칼날을 바꿀 수 있는 제품, 길이를 조절할 수 있는 제품 등 종류가 다양하다.

일반 스크래퍼 | 다용도 스크래퍼로 플라스틱, 철재 등 재질이 다양하다.

실리콘용 스크래퍼 | 실리콘을 바르고 매끈하게 다듬을 때 사용한다. 흔히 '헤라'라고 부르며, 크기가 다양하다.

칼날 교체형 스크래퍼 | 맞물린 고정대 사이에 칼날을 끼워 사용한다.

길이 조절형 스크래퍼 | 천장 등 높은 곳의 이물질을 긁어낼 때 사용한다. 바닥 작업을 할 때도 서서 할 수 있어 편하다.

사포

주로 페인트칠을 하기 전에 표면의 이물질을 없애고 매끄럽게 고르는 용도로 사용한다. 샌드페이퍼라고도하며 아주 고운 것부터 거친 것까지 다양하다. 숫자가 클수록 곱다. 사포의 거친 정도는 '방'으로 표시하는데, 방은 같은 면적에 채워지는 모래알의 수를 말한다. 천과 종이 두 가지 재질이 있으며, 천 사포는 내구성이 좋고 종이 사포는 잘라서 사용하기 편하다.

절연 장갑

전기 설비 작업을 할 때 감전을 방지해준다. 고무로 된 것, 코팅된 것 등 종류가 다양한데, 집에서는 손바닥 부분만 코팅된 것이 사용하기 편하다. 미끄럽지 않고 손에 밀착되는 것이 좋다. 코팅 부분에 구멍이나 갈라짐이 없는지도 살핀다.

집수리에 자주 쓰는 기본 재료

나사못

피스라고도 부르며, 크게 목공용, 철재용, 스테인리스용으로 구분된다. 철재용은 목공용으로도 쓸 수 있지만 스테인리스에는 쓰지 못한다. 스테인리스용 나사못은 모든 재질에 사용할 수 있다.

목공용 나사못   철재용 나사못   스테인리스용 나사못

앵커볼트

앵커는 닻이라는 뜻으로, 닻처럼 벽과 부착할 물건을 연결해 고정한다. 재질, 크기 등 종류가 다양하므로 용도에 맞게 사용한다. 보통 세트 앵커볼트와 스트롱 앵커볼트를 많이 사용한다.

세트 앵커볼트 | 너트, 와셔 등이 세트로 구성된 앵커볼트. 콘크리트에 구멍을 뚫고 앵커볼트를 넣은 뒤 앵커펀치로 고정한다. 부착물을 걸고 너트와 와셔를 끼운 뒤 조인다.

스트롱 앵커볼트 | 콘크리트 벽에 사용하며, 안에 나사선이 있어 전산볼트(처음부터 끝까지 나사선이 있는 볼트), 육각볼트, 아이볼트(고리가 있는 볼트)를 끼울 수 있다. 에어컨 설치나 간판, 칸막이 공사 등에 주로 이용한다.

석고 앵커볼트 | 일반 나사못에 비해 굵고 나사선이 있어 지지력이 높은 석고 벽 전용 앵커볼트. 시공이 쉬워 많이 사용한다.

동공 앵커볼트 | 석고보드용 앵커볼트. 석고보드에 먼저 구멍을 뚫고 날개를 접어 끼운 뒤 나사못을 박으면 날개가 펴지면서 지지력이 높아진다.

토우 앵커볼트 | 석고보드뿐 아니라 뒤가 비어있는 패널, 합판 등에도 사용할 수 있다. 나사못과 겉에 씌워진 전개체를 함께 박았다가 나사못을 빼고 고리 등을 건 뒤 다시 나사못을 박으면 전개체가 접히면서 석고보드나 합판 뒤에 걸려 고정된다.

칼블럭

벽에 못을 박을 때 벽과 못 사이를 꽉 채워 단단하게 고정시키는 역할을 한다. 종류가 다양하므로 벽의 재질, 고정할 물건의 무게에 따라 선택한다. 일반 칼블럭은 지름 6mm, 길이 37mm, 40mm, 50mm짜리를 주로 사용한다.

절연 테이프

피복 벗긴 전선을 감거나 연결할 때 사용하는 테이프. 당기면서 팽팽하게 감아야 한다. 여러 가닥의 전선을 구분할 수 있도록 다양한 색깔로 나와있다.

테플론 테이프

배관을 연결할 때 빈틈없이 체결시키는 역할을 한다. 배관의 나사선에 고무패킹이 없다면 반드시 테플론 테이프를 15~20회 이상 감아야 물이 새지 않는다.

접착제

목재용, 철재용 등 재질에 따라 종류가 다양하다. 일반 가정에서는 한두 가지만 구비하고 있으면 된다.

PVC 공업용 강력접착제

다용도 순간접착제

우레탄 폼

스프레이식으로 사용하는 충전재. 지붕이나 새시의 틈새, 구멍 난 벽면 등에 사용하며 단열, 방음의 효과도 크다. 부풀어 오른 폼이 완전히 마르기를 기다렸다가 커터로 매끈하게 자른다.

실리콘

용도에 따라 다양한 종류가 있다. 원뿔 모양의 캡을 자르고 노즐을 끼운 뒤 실리콘 건에 카트리지를 끼워 넣어 작업하는 타입이 일반적이다. 건 없이 직접 시공 부위에 짤 수 있는 타입도 있다.

무초산 실리콘 | 냄새가 나지 않는 범용 실리콘으로 색깔이 다양하다.

수성 실리콘 | 도배지 구멍 메우기 등에 사용하며, 마른 뒤에 페인트를 칠할 수 있다.

렉산용 실리콘 ㅣ 외부에 설치하는 렉산(폴리카보나이트)이나 플라스틱 전용 실리콘.

우레탄 실리콘 ㅣ 옥상 방수 공사를 할 때 갈라진 곳을 메우는 용도로 사용한다. 페인트칠이 가능하다.

바이오 실리콘 ㅣ 욕실에 주로 사용하는 곰팡이 방지용 실리콘.

소시지 실리콘 ㅣ 창호 전용 실리콘으로 외부 새시와 벽면 사이 틈새에 시공한다.

내열 실리콘 ㅣ 보일러 연통의 접합 부위 틈새를 메울 때 사용한다.

튜브형 실리콘 ㅣ 실리콘 건 없이 직접 짜서 시공하므로 매우 편하다. 시공 면적이 작을 때 사용한다.

익혀두면 좋은 기본 기술

콘크리트 벽에 못 박기
망치로 벽에 못을 박는 일도 쉽지만은 않다. 처음부터 세게 내리치면 빗나가고 손을 다치기 쉽다. 처음에는 살살 두들겨 길을 낸 뒤 박는 것이 요령이다.

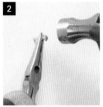

1 콘크리트용 못을 롱노즈 플라이어로 잡는다. 보통 25mm(1인치) 못을 많이 쓴다.

2 망치로 천천히 두들기는데, 처음에 살살 쳐서 어느 정도 길이 나면 세게 두들겨 박는다.

3 못이 ⅓~½ 정도 들어가면 웬만한 액자나 옷걸이는 걸 수 있다. 잡고 흔들어봐서 단단하게 고정되었는지 확인한다.

+ plus 롱노즈 플라이어가 없을 때는 ──────────

롱노즈 플라이어 대신 쪼개지 않은 한 쌍의 나무젓가락 사이에 못을 끼우고 박는다. 못을 맨손으로 잡고 박으면 다칠 위험이 있어 절대 안 된다.

초보자를 위한 다용도 망치를 사용하는 것도 방법이다. 앞부분에 못을 끼우고 뒤축을 망치로 두들기면 돼 훨씬 쉽다.

전동 드릴 사용하기

전동 드릴은 집수리에 가장 필요하고 다양하게 활용할 수 있다. 저가 제품인 경우, 세트로 들어 있는 드릴 비트의 성능이 떨어질 수 있으니 비트는 필요할 때마다 따로 구입하는 것이 좋다.

전동 드릴의 구조

모드(드라이버/드릴/해머)

속도 조절 레버

21단 토크

드릴 척

LED 라이트

회전방향 전환 버튼

작동 버튼

배터리 탈착 버튼

배터리

3가지 기능

드라이버 모드 | 드라이버 비트를 끼워 나사못을 조이거나 풀 때 사용한다.

드릴 모드 | 드릴 비트를 끼워 나무나 쇠, 석고, 타일 등에 구멍을 뚫을 때 사용한다.

해머 모드 | 회전하면서 수직으로 타격해 콘크리트에 구멍을 낸다.

**토크
세팅하기**

토크는 나사못의 크기에 따라 힘을 조절해 나사머리를 보호하고 부하를 견디는 기능을 한다. 대부분 총 21단으로 되어있다.

**회전속도
조절하기**

드릴 윗면에 있는 속도 조절 레버로 회전속도를 조절한다. 나사못을 박을 때는 1단, 벽에 구멍을 낼 때는 2단이 적당하다.

**회전방향
바꾸기**

손잡이 옆면에 있는 회전방향 전환 버튼으로 방향을 정한다. 오른쪽을 누르면 전진(나사못을 조일 때), 왼쪽을 누르면 후진(나사못을 풀 때)이다. 사용하지 않을 때는 중립으로 해둔다.

+ plus 욕실에 컵걸이 달기 ─────────────

❶ 논프라피스를 준비한다. 논프라피스는 나사선이 뾰족해 칼블럭 없이도 타일이나 콘크리트 벽에 박을 수 있는 나사못으로, 길이 25mm, 32mm, 38mm, 45mm짜리가 있다. 사진의 왼쪽이 일반 나사못, 오른쪽이 논프라피스다.

❷ 전동 드릴에 3.5mm 드릴 비트를 끼우고 방향전환 버튼을 전진으로 바꾼 뒤, 작동 버튼을 눌러 단단히 고정한다.

전동 드릴 작동하기

1 회전방향을 후진으로 바꾼다.

2 한손으로 척을 힘주어 잡고 작동 버튼을 누른다.

3 드릴 척의 입구가 열리면서 비트가 빠진다.

4 회전방향을 전진으로 바꾸고 사용할 드라이버 또는 드릴 비트를 끼운 뒤, 한손으로 척과 드라이버를 함께 잡고 작동 버튼을 누른다.

5 구멍 뚫을 곳을 펜으로 미리 표시한다. 비트를 표시한 곳에 수직으로 대고 한손으로 드릴을 받친 뒤 작동 버튼을 눌러 구멍을 뚫는다.

❸ 드릴 모드로 타일에 구멍을 뚫은 뒤, 해머 모드로 바꿔 콘크리트 속까지 구멍을 뚫는다.

❹ 논프라피스를 드릴 모드로 박아 브래킷을 고정한다.

❺ 브래킷 위로 컵걸이를 끼운다.

27

앵커볼트·칼블럭 박기

무거운 선반이나 세면기 등을 설치하려면 벽이나 천장에 용도에 맞는 앵커볼트나 칼블럭을 먼저 박은 뒤 나사못을 박아야 한다. 크기가 다양하므로 이에 맞는 드릴 비트를 사용한다.

세트 앵커볼트 박기

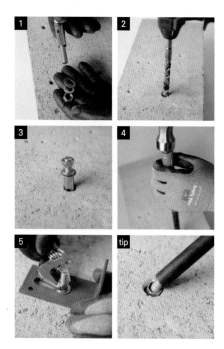

1 세트 앵커볼트의 너트와 와셔를 푼다.

2 가장 많이 사용하는 14mm(⅝인치) 앵커볼트의 경우, 13~14mm 드릴 비트로 벽에 구멍을 뚫는다. 벽 속으로 들어갈 앵커볼트의 길이에 맞춰 드릴 비트에 절연 테이프를 감아 놓는다.

3 구멍에 앵커볼트를 넣는다.

4 앵커볼트에 앵커펀치를 끼운 뒤 망치로 세게 두들겨 벽 속으로 밀어 넣는다.

5 앵커볼트에 와셔를 끼우고 너트를 조인다.

tip 앵커볼트를 뺄 때는 앵커펀치를 끼우고 좌우로 꺾어 잘라낸다. 끄트머리는 망치로 두들겨 벽 속으로 넣는다.

스트롱 앵커볼트 박기

1 전동 드릴에 14mm 드릴 비트를 끼워 벽에 구멍을 뚫는다. 14mm짜리를 가장 많이 쓴다.

2 같은 크기의 스트롱 앵커볼트를 끼운다. 볼록하게 나온 부분이 안으로 들어가게 하면 된다.

3 망치로 두들겨 앵커볼트가 벽 속으로 완전히 박히게 한다.

4 아이너트나 전산볼트를 끼운다.

석고 앵커볼트 박기

 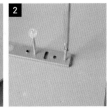

1 석고 앵커볼트를 드라이버로 힘주어 박는다. 전동 드릴은 석고가 부서질 염려가 있다. 뻑뻑하게 조여지는 소리가 나면 멈춘다.

2 부착할 물건을 대고 나사못을 조여 고정한다.

칼블럭 박기

1 일반 칼블럭의 경우, 전동 드릴에 6mm나 6.5 mm 드릴 비트를 끼워 벽에 구멍을 뚫는다. 14mm짜리를 가장 많이 쓴다.

2 같은 크기의 칼블럭을 끼운다.

3 망치로 칼블럭을 살살 두들겨 벽 속으로 끝까지 밀어 넣는다.

4 부착할 물건을 대고 칼블럭 안에 나사못을 넣어 전동 드릴로 단단히 조인다.

+ plus 나사못이 헛돌고 안 빠질 때 ─────────

❶ 나사못 제거기인 스크류 익스트랙터(반대탭)를 이용한다.

❷ 날카로운 날이 있는 쪽을 전동 드릴에 끼워 나사못에 구멍을 낸다.

❸ 반대편 날로 바꿔 끼워 나사못의 구멍에 끼운다.

❹ 드릴을 후진해 나사못을 빼낸다.

실리콘 바르기

실리콘 시공은 도배나 페인트 공사를 할 때 매우 중요한 작업이다. 욕실, 주방, 베란다 등의 틈새를 메우거나 보수할 때도 꼭 필요하다.

STEP 1
노즐
자르기

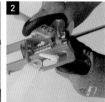
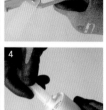

1 실리콘의 원뿔 모양 캡을 커터나 실리콘 건의 커터로 잘라낸다.

2 노즐은 45도 사선으로 자른다.

3 어슷하게 자른 노즐을 손이나 바닥에 긴 쪽이 위로 가게 놓고 입구를 손가락으로 꾹 눌러 납작하게 만든다.

* 노즐 끝을 납작하게 누르면 시공했을 때 줄이 좀 더 넓게 나와 보기 좋다. 펜치로 누르면 쉽다.

4 납작해진 노즐을 실리콘 꼭지에 끼운다.

STEP 2
실리콘
장착하기

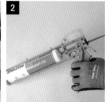

1 실리콘 건의 맨 뒤에 있는 고정판을 엄지로 누른 채 중심철봉(밀대)을 끝까지 잡아당긴다.

2 실리콘 카트리지를 건에 끼운다.

3 고정판을 엄지로 누른 채 중심철봉을 밀어 넣어 실리콘 카트리지의 뒷면에 밀착시킨 뒤 고정판을 놓는다.

+ plus 실리콘 보관 요령

• 사용한 실리콘

그대로 둔다. 다시 사용할 때 노즐을 빼고 끝에 송곳이나 드라이버를 찔러 넣어 굳은 실리콘을 빼낸 뒤 다시 끼우면 된다.

노즐을 빼고 실리콘을 조금 짜서 밖으로 나오게 해 보관한다. 사용할 때 굳은 실리콘을 손으로 빼면 된다.

STEP 3
실리콘 바르기

스크래퍼 사용하기

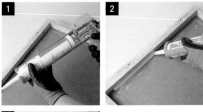

1 실리콘 건의 손잡이를 살짝살짝 잡아당겨 실리콘이 노즐 끝까지 오게 한다.

2 시공할 곳에 노즐을 수직에 가깝게 바짝 대고 건의 손잡이를 천천히 잡아당기면서 실리콘을 쏜다.

* 노즐의 긴 쪽이 위로 가야 된다. 마치 손톱으로 긁는 듯한 느낌으로 쏘는 것이 요령이다.

3 실리콘용 스크래퍼의 뒷면으로 매끈하게 다듬는다.

* 스크래퍼를 이용하면 시공 면이 넓게 퍼지는 단점이 있다.

종이테이프 사용하기

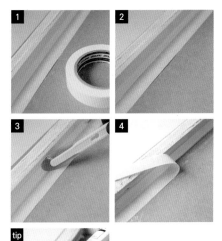

1 시공할 곳의 위아래로 종이테이프를 붙인다. 좁은 면적도 시공할 수 있는 장점이 있다.

2 실리콘을 단숨에 그으며 쏜다.

3 스크래퍼로 실리콘을 살짝만 다듬는다.

* 스크래퍼를 너무 힘주어 누르지 않도록 주의한다.

4 테이프를 걷어낸 뒤 고르지 않은 부분을 스크래퍼로 다듬는다.

tip 실리콘을 잘못 발랐다면 굳기 전에 바로 제거한다. 실리콘 카트리지 뒷면을 납작하게 눌러 긁으면 깨끗하게 제거된다. 빈 통을 이용하는 것이 편하고, 없을 땐 스크래퍼로 긁어낸다.

• 사용하지 않은 실리콘

개봉하지 않은 새 실리콘이라도 안심은 금물이다. 뒷부분으로 공기가 들어갈 수 있는 데다 압축이 안 되어있어 오히려 더 빨리 굳을 수 있다. 실리콘 뒷부분을 비닐로 감싸고 테이프를 둘러 밀봉하면 좀 더 오래 보관할 수 있다.

테플론 테이프 감기

테플론 테이프는 볼트와 너트 사이의 유격(기계장치의 헐거운 정도)을 줄여주는 역할을
한다. 특히 배관을 연결할 때는 모든 나사선에 테플론 테이프를 감아야 누수가 생기지
않기 때문에 감는 요령을 잘 익혀둬야 한다. 마무리를 잘 해야 너트에 넣을 때 부드럽게
들어간다.

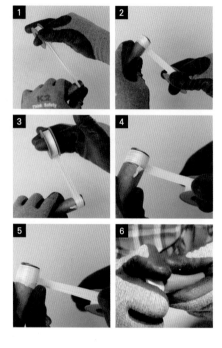

1 수도꼭지의 연결 볼트 위에 테플론 테이프를 놓고 엄지로 끝을 살짝 눌러 잡는다.

2 반대쪽 손 검지에 테이프를 걸고 엄지로 살짝 누른 뒤 시계방향으로 돌려 감는다.

3 위에서 아래로 내려올 때는 엄지를 떼고 검지로 굴리듯이 테이프를 푼다.

4 아래에서 위로 감아올릴 때는 다시 엄지로 지지하면서 힘을 준다. 나사선이 드러날 만큼, 끊어지지 않을 정도로 팽팽하게 당기면서 감는 게 요령이다.

5 끝에 나사 한 칸 정도를 남겨두고 20~25회 감는다.

6 테이프를 당겨 자른 뒤, 장갑 낀 손으로 꽉 움켜잡고 힘 있게 한두 바퀴 돌려 밀착시킨다.

전선 피복 벗기기

전기 작업의 기본인 전선 피복 벗기기는 10분만 연습해보면 누구나 할 수 있다. 전선을 끊지 않도록 힘 조절을 잘하는 것이 포인트다. 반드시 누전차단기를 내린 뒤 절연 장갑을 끼고 작업한다.

필요한 도구

전선의 피복을 벗기는 데 사용하는 도구는 무척 다양하다. 전문가들이 주로 쓰는 도구는 니퍼나 다목적 가위이며, 요령만 익히면 커터나 일반 가위로도 가능하다. 초보자라면 전선 피복 탈피기(스트리퍼)를 사용하는 것도 좋다.

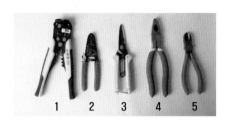

1 전선 스트리퍼 복합형 | 전선 굵기에 따른 피복 커터 외에 절단한 피복을 양옆으로 벌리는 기능도 있어 전선 중간의 피복을 벗길 때 편리하다.

2 전선 스트리퍼 일반형 | 다양한 전선 굵기에 맞는 피복 커터가 있어 힘 조절을 할 필요 없이 살짝 쥐기만 해도 피복을 쉽게 벗길 수 있다.

3 다목적 가위 | 전천후 가위라 전문가들이 가장 많이 사용한다. 가윗날 끝에 전선을 끼워 작업한다.

4 펜치 | 끝의 톱니 부분이 아니라 안쪽의 오목한 곳으로 전선을 집고 작업한다. 무게감이 있어 불편할 수 있지만, 두꺼운 전선을 벗길 때 좋다.

5 니퍼 | 절단이 주 용도라 피복 절단이나 탈피에 많이 사용한다. 작업 전에 날이 빠져 있지 않은지 체크한다.

**전선 피복
벗기기**

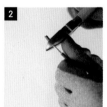
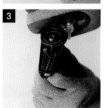

1 전선을 감싸 쥐고 엄지와 검지로 전선 끝을 잡은 뒤, 니퍼 안쪽으로 전선을 살짝 물듯이 집는다. 가는 전선은 그대로 피복을 벗겨도 되고, 조금 굵은 전선은 좌우로 살짝 움직여 흠집을 낸 뒤 벗겨낸다. 구리선에 흠집이 나면 합선 위험이 있으므로 힘 조절을 잘 해야 한다.

2 손에 힘을 주어 피복을 벗기는 것이 아니라 살짝 물고 있는 상태에서 엄지로밀어 피복을 벗긴다.

3 전선 피복 탈피기를 사용할 때는 전선 굵기에 맞는 홈에 전선을 끼우고 꽉 쥔 뒤, 좌우로 돌리지 말고 그대로 전선을 당긴다.

Chapter 2

실전! 셀프 집수리하기

집에 문제가 생기면 으레 전문가를 부르게 되지만, 수리비가 적지 않게 든다. 그중 많은 부분은 직접 고칠 수 있는 문제들이다. 전동 드릴 등 기본 도구만 있으면 혼자서도 얼마든지 고칠 수 있다. 적은 비용으로 쉽게 할 수 있는 집수리 방법을 소개한다.

BREATHE
IT ALL IN.
LOVE
IT ALL OUT.

ROOM
LIVING ROOM

PART

1

/

방·거실

옷장 경첩이 망가졌을 때

옷장 경첩은 일반 경첩과 모양이 다르고 180도 열리는 타입이 많다. 모양이 같은지 확인하고 확실치 않으면 철물점에 갖고 가서 똑같은 것으로 구입한다. 너무 오래된 옷장의 경우, 비슷한 것을 사더라도 길이가 맞지 않을 수 있는데, 이럴 때는 다른 경첩도 모두 교체한다.

난이도 ★★★☆☆

도구
전동 드릴

재료
옷장 경첩, 나사못

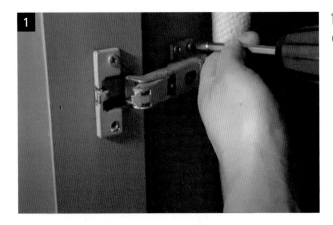

1 전동 드릴로 망가진 경첩의 나사못을 돌여 푼다.

2 경첩을 들어낸다.

38

3 기존 경첩과 같은 모양의 경첩을 준비한다.

* 옛날 경첩과 요즘 경첩은 같은 크기라도 구멍의 간격이 조금 다를 수 있다. 떼어낸 경첩을 들고 가서 구멍이 똑같은지 확인하고 구입한다.

4 새 경첩의 볼록 튀어나온 부분을 옷장 문짝의 홈에 끼워 넣는다.

5 문짝 쪽부터 나사못을 박는다. 끝까지 조이지 말고 남겨둔다.

* 나사못 구멍이 너무 헐거우면 이쑤시개를 박아 넣고 나사못을 박는다.

6 경첩을 최대한 옷장 몸체 쪽으로 당겨 나사못을 박는다. 이때도 완전히 조이지 않는다.

7 문을 닫아보고 잘 맞으면 모든 나사못을 끝까지 조인다.

* 너무 빠른 속도로 힘껏 조이면 오래된 옷장은 부서질 수 있으니 주의한다.

서랍이 망가졌을 때

서랍에 물건을 너무 많이 넣으면 레일이 휘어지기 쉽다. 되도록 같은 모양, 같은 길이의 레일을 준비해 교체하는 게 좋다. 잘못 사서 레일의 길이가 조금 짧은 경우, 서랍이 끝까지 안 열릴 수는 있지만 사용하는 데 큰 불편은 없다.

난이도 ★★★☆☆

도구
전동 드릴

재료
서랍 레일, 나사못

1 망가진 서랍 레일과 비슷한 크기의 새 레일을 준비한다.

2 밑면의 나사못을 풀어 레일을 뗀다.

3 새 레일을 대고 나사못을 박는 다. 길이가 조금 짧을 경우에는 서 랍 앞쪽으로 바짝 당겨 고정한다.

4 몸체 내부의 레일도 나사못을 풀어 떼어낸 뒤 새 레일을 단다.

5 서랍을 끼우고 잘 여닫히는지 확인한다.

SOS! 서랍이 안 빠져요

서랍은 보통 안쪽을 양손으로 들어올려 빼면 빠지는데 서랍에 따라 빠지지 않도록 고정되어있기도 하다. 이런 경우, 서랍을 열 어보면 레일 안쪽에 검은색 버튼이 있다. 이 버튼을 양옆에서 동 시에 위로 올려 서랍을 잡아 빼면 된다.

+plus 서랍이 부서졌을 때 응급조치

서랍 모서리의 연결 부위가 빠져서 서랍을 못 쓰게 되는 경우가 있다. 이럴 때 간단한 해결 방 법이 있다. 꺾쇠를 이용하면 깔끔하게 고칠 수 있다.

❶ 망가진 서랍을 못 구멍에 맞춰 다 시 조립한다.

❷ 바닥과 앞면, 옆면이 맞닿은 세 모서 리에 일정한 간격으로 꺾쇠를 박는다.

❸ 옆면의 모서리마다 꺾쇠를 박는다.

방문 손잡이 교체하기

방문 손잡이는 둥근 손잡이와 레버 손잡이가 있는데 설치 방법은 같다. 주의할 점은 부품의 안쪽과 바깥쪽을 구분해서 달아야 한다는 것이다. 문틀의 캐치(문이 닫힐 때 걸리는 부분)는 대부분의 손잡이와 맞는다. 망가지지 않았다면 굳이 바꾸지 않아도 된다.

난이도 ★★★☆☆

도구
전동 드릴

재료
방문 손잡이

1 방 안쪽 손잡이에 있는 나사못을 모두 풀어 손잡이를 떼어낸다.

2 바깥쪽의 손잡이를 뗀다.

3 문짝 옆면에 있는 래치 고정판의 나사못을 푼다.

4 래치 고정판과 래치를 한꺼번에 잡아 뺀다.

5 새로 끼울 래치에 꽂혀있는 사각 핀을 버튼을 눌러 뺀다.

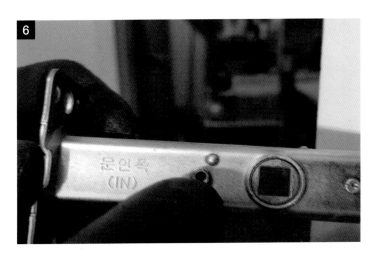

6 래치의 방향을 확인한다. '문 안쪽'이라고 쓰여있는 쪽 또는 잠금쇠 구멍이 있는 쪽이 방 안을 향하게 한다.

7 래치를 문짝 옆면에서 끝까지 끼워 넣는다.

8 걸림쇠의 둥근 면이 문이 닫히는 쪽을 보게 한 뒤, 래치 고정판을 대고 나사못을 박는다.

9 래치의 사각 핀을 버튼을 누른 채 방 안에서 바깥쪽으로 끼운다.

10 바깥에서 먼저 손잡이를 끼운다. 안에서 봤을 때 손잡이에 달려 있는 볼트가 사진처럼 정렬되게 한다.

11 안쪽에서 홈을 잘 맞춰 손잡이를 끼운다.

12 안쪽에서 손잡이에 나사못을 박아 고정한다.

  방문이 잠겼어요 ─────────────────────────

방문이 안에서 잠겼는데 열쇠가 없을 때 참 난감하다. 손잡이에 구멍이 있는 경우에는 클립이나 가는 송곳을 넣어 누르면 문이 열린다. 구멍이 없는 경우에는 책받침이나 플라스틱 부채를 문틈에 끼워 넣어 걸림쇠를 밀어내면 된다.

경첩이 헐거워지면 나사못을 조이면 되지만 그 자리에 나사못을 여러 번 반복해 박다가 결국 떨어져버리는 경우가 있다. 이럴 때는 기존의 경첩을 떼어버리고 다른 위치에 이지 경첩을 다는 것이 방법이다. 하지만 경첩이 있던 자리를 퍼티로 메우고 방문과 틀을 새로 칠하는 등 만만치 않은 작업이 뒤따르게 된다. 더 쉬운 방법은 나무젓가락으로 구멍을 막아 나사못을 단단하게 고정하는 것이다.

❶ 경첩을 떼어낸 뒤, 그 자리를 망치질로 단단하게 만든다.

❷ 나무젓가락을 커터로 뾰족하게 깎아 못 구멍에 끼운다.

* 구멍이 작으면 이쑤시개로도 가능하지만. 구멍이 크면 나무젓가락을 이용한다.

❸ 나무젓가락을 끝까지 밀어 넣은 뒤 꺾어서 부러뜨린다.

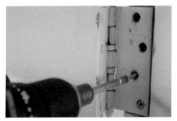

❹ 경첩을 대고 일반 못보다 좀 더 긴 나사못을 박아 고정한다.

방문에 구멍이 났을 때

방문의 일부가 깨져서 구멍 났을 때 목재를 사용하지 않고도 새것처럼 고치는 방법을 소개한다. 우레탄 폼으로 충전한 뒤 퍼티를 칠하고 말리면 감쪽같다. 시간이 제법 오래 걸리지만, 고난도의 기술을 요하는 작업이 아니어서 누구나 쉽게 할 수 있다.

난이도 ★★★★★

도구
커터(또는 톱), 스크래퍼,
150~200방 사포

재료
우레탄 폼, 퍼티,
미장증강제(메도칠),
그물망

1 우레탄 폼을 구멍 난 부분 가장자리에 먼저 두른다.

2 가운데 부분을 우레탄 폼으로 메운 뒤 마를 때까지 기다린다. 3~4시간 걸린다.

3 커터나 톱으로 튀어나온 부분을 자른 뒤 평평하게 다듬는다.

4 퍼티에 미장증강제를 1작은술 정도 섞는다.

* 미장증강제는 접착력을 높이고 갈라짐을 방지하며 방수 효과도 있다.

5 스크래퍼로 퍼티를 얇게 펴 바른다.

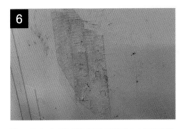

6 퍼티가 일어나지 않게 그물망을 알맞은 크기로 잘라 붙인다.

* 그물망은 석고 벽을 시공할 때 주로 사용하는데, 철물점에서 살 수 있다.

7 그물망 위에 퍼티를 한 번 더 덧바른다.

8 퍼티가 완전히 마르면 사포로 살살 문질러 매끈하게 만든 뒤 페인트를 칠하거나(p.48 참고) 시트지를 붙인다.

방문 칠하기

방문 교체는 비용이 많이 들어 부담스럽다. 교체 대신 직접 페인트 칠해서 리폼하면 깨끗하게 오래 사용할 수 있다. 에나멜 페인트보다는 수성 페인트가 자연스럽고 고급스럽다. 친환경 수성 페인트를 사용하면 냄새가 나지 않는다.

난이도 ★★★★☆

도구
페인트 롤러, 페인트 붓, 페인트 트레이, 150방 사포

재료
친환경 수성 페인트, 젯소(수용성 다용도 프라이머), 커버링 테이프

1 문짝 주변과 손잡이 등에 페인트가 묻지 않게 커버링 테이프를 붙인 뒤 고운 사포로 고루 문지른다. 문틀도 구석구석 사포질한다.

2 문짝에 코팅이 되어있다면 먼저 젯소를 바른다. 트레이에 젯소를 덜어 롤러에 고루 묻힌다.

＊ 젯소는 페인트를 밀착시키는 역할을 한다. 문짝의 재질이 매끄럽거나 코팅이 되었다면 젯소를 발라야 페인트칠이 잘된다. 너무 뻑뻑해 칠하기 어려우면 물을 조금 섞는다. 문짝에 코팅이 되어있지 않다면 바르지 않아도 된다.

3 문짝에 젯소를 골고루 바른다.

4 젯소가 완전히 마르면 문틀에 먼저 페인트를 칠한다. 페인트를 붓에 고루 묻힌 뒤 흐르지 않도록 최대한 훑어낸다.

5 페인트를 얇게 펴 바른 뒤, 뭉친 자국이나 흐른 자국이 있으면 붓으로 문질러 없앤다.

* 처음부터 자꾸 덧칠하지 말고 전체적으로 얇게 칠한 뒤, 완전히 마르면 다시 한번 칠한다.

6 문짝에 롤러로 페인트를 칠한다. 굴곡진 부분은 붓으로 세심하게 칠한다.

7 완전히 마를 때까지 기다렸다가 한 번 더 칠한다.

8 색이 잘 날 때까지 두세 번 더 칠한 뒤, 완전히 마르면 커버링 테이프를 벗겨낸다.

난방이 고르지 않을 때

겨울철, 보일러를 틀었는데 어떤 방은 따뜻하고 어떤 방은 미지근한 경우가 있다. 이를 편난방이라고 하는데, 이럴 때 분배기의 공기를 빼면 골고루 따뜻해진다. 보일러를 수리하거나 교체했을 때, 누수 공사를 한 직후에, 방바닥에서 소리가 날 때도 효과가 있다.

난이도 ★★★★☆
재료
보일러 퇴수용 호스

1 보일러를 작동시킨다. 보일러가 돌아가면 잠시 후 분배기를 만져보아 공급 라인을 찾는다. 따뜻해지는 쪽이 공급 라인, 나중에 따뜻해지는 쪽이 환수 라인이다.

2 공급 라인의 퇴수 밸브에 보일러 퇴수용 호스를 꽂고 물이 빠질 수 있게 반대쪽을 하수구 쪽에 놓는다.

3 모든 밸브를 잠그고 첫 번째 밸브만 연다.

* 오래된 분배기는 밸브가 뻑뻑해서 잘못하면 부러질 수 있으니 주의한다. 천천히 돌리고 갑자기 힘을 주지 않는다.

4 퇴수 밸브를 열어 물을 뺀다. '꾸룩꾸룩' 소리가 나거나 물이 세게 나오다 약하게 나오기를 반복하면 공기가 찬 것이다.

5 공기가 빠지고 물이 일정하게 나오면 두 번째 밸브를 열고 첫 번째 밸브는 잠근 채로 물을 뺀다. 같은 방법으로 모든 밸브를 순서대로 열어 물을 뺀다.

 +plus 분배기에서 공기를 뺄 때 기억할 것들

오래된 분배기는 밸브를 천천히 열고 닫는다. 갑자기 힘을 주면 부러지거나 삭은 고무패킹 때문에 누수가 생길 수 있다.

퇴수 호스는 철물점에서 살 수 있다. 분배기에 따라 밸브의 크기가 다르므로 지름을 재서 간다.

분배기의 모든 밸브에는 고무패킹이 들어있는데, 간혹 느슨해지면 누수가 생기기도 한다. 주기적으로 멍키 스패너로 조이면 좋다. 단, 오래된 밸브는 너무 꽉 조이지 않는다.

방이 분배기에서 멀면 공기를 빼도 따뜻하지 않을 수 있다. 이럴 때는 그 방만 밸브를 다 열고, 다른 방은 반 정도만 열어 균형을 맞추는 것도 방법이다.

단열벽지 붙이기

건물 외벽 쪽의 방은 추운 경우가 많은데, 단열벽지를 붙이면 효과를 볼 수 있다. 방 크기를 재서 필요한 만큼 구입하면 되고 시공하기도 쉽다. 만약 벽에 곰팡이가 났다면 반드시 원인을 제거한 뒤에 붙여야 한다.

난이도 ★★☆☆☆

도구
커터, 줄자

재료
단열벽지

1 방 크기를 재서 단열벽지를 필요한 만큼 구입한다.

* 단열벽지는 대부분 폭이 1m인데, 간혹 폭 50cm 기준으로 파는 경우가 있으니 반드시 확인하고 분량 계산을 잘해야 한다.

2 단열벽지를 방 높이에 맞춰 여유 있게 재단한다.

* 아파트의 경우 천장 높이가 보통 2.3m 내외이므로 2.4m 정도로 재단하면 된다.

3 뒷면의 이형지를 조금만 벗겨
낸다.

* 이형지가 잘 떨어지지 않을 경우, 끝
에 박스 테이프를 붙여 떼어내면 잘 떨
어진다.

4 한쪽 구석부터 붙이기 시작한
다. 벽면 맨 위에 단열벽지를 살짝
붙인다.

5 벽 모서리에 들뜨는 부분이 없
는지 확인하면서 수직을 맞춘다.

6 벽지를 아래로 쓸어내리면서 밀
착시킨다. 기포 없이 붙이는 게 포
인트다.

7 끝부분을 꼭꼭 누른 뒤, 바닥과
닿는 모서리에서 벽지를 커터로
자른다.

8 창문과 닿는 부분도 커터로 깔
끔하게 잘라낸다. 나머지 벽에 같
은 방법으로 이어 붙인다.

tip 시트지를 붙이듯이 기포 없이

단열벽지를 붙이는 요령은 시트지 붙이는 요령(p.70 참고)과 같다. 이형지를 조
금씩 떼어가며 기포 없이 꼼꼼히 문질러 붙이는 게 중요하다.

전선 정리하기

노출 콘센트 전선, 인터넷 선 등이 드러나 있으면 집 안이 지저분해 보인다. 이런 선들은 전선 몰딩으로 깔끔하게 정리할 수 있다. 전선 몰딩을 설치하는 일은 별로 어렵지 않지만, 벽의 모서리 부분을 깔끔하게 처리하는 게 포인트다.

난이도 ★★★☆☆

도구
가위, 연필

재료
전선 몰딩

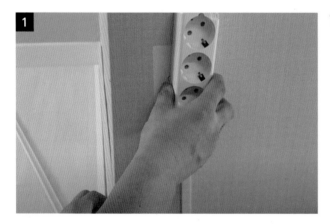

1 연필로 벽지에 선로를 표시해둔다.

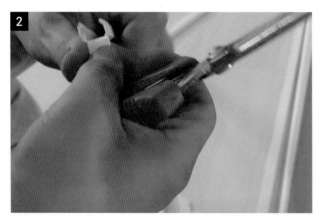

2 몰딩의 뚜껑을 벗기고 벽면 모서리에 댈 몸판의 끝부분을 ㄷ자로 자른다. 몸판 양쪽 옆면에 1cm 정도씩 가위집을 낸 뒤, 밑면을 꺾어 가위로 자르면 된다.

3 ②의 몰딩 몸판 뒷면의 이형지를 벗겨 걸레받이 위에 붙인다. 이때 ㄷ자로 자른 부분이 몰딩의 두께 만큼 앞으로 튀어나오게 한다.

4 몰딩 뚜껑은 자르지 않고 모서리에서 꺾을 것이므로 양쪽에 가위집을 낸다.

5 ④의 몰딩 뚜껑을 직각으로 꺾어 모서리에 잘 맞는지 대본다.

6 몰딩 뚜껑의 끝부분을 45도로 자른다. 위쪽으로 설치할 몰딩과 만나는 부분이다.

* 전선 몰딩은 커터나 가위로도 자를 수 있지만, 전용 가위를 쓰면 더 편하다. 각도가 표시돼있어 연결 작업을 더 깔끔하게 할 수 있다.

7 몰딩 몸판도 45도로 자른 뒤, 이형지를 벗겨 벽에 붙이고 뚜껑을 끼운다.

8 위쪽으로 설치할 몰딩은 뚜껑을 끼운 채 45도로 자른다.

9 직각으로 만나는 부분이 깔끔하게 맞는지 대보고, 잘 맞으면 몸판의 이형지를 벗겨 벽면에 수직으로 붙인다.

마룻바닥이 찍혔을 때

마루는 시공 비용도 만만치 않지만, 찍히거나 긁히는 일이 많아 일일이 보수하는 것도 부담이다. 생활용품점에서 저렴하게 파는 마루 보수제를 이용해 감쪽같이 보수하는 방법을 소개한다. 작업을 여러 차례 반복해야 더 자연스럽다.

난이도 ★★★★☆

도구
스크래퍼, 커터,
작은 그릇(또는 종이컵),
물티슈

재료
우드 퍼티

1 가구나 마루 보수에 사용하는 우드 퍼티를 마루 색깔에 맞춰 준비한다. 어두운 색과 밝은 색을 함께 준비하는 게 좋다.

2 먼저 밝은 색 퍼티를 종이컵에 넉넉히 짜 넣고 어두운 갈색이나 회색 퍼티를 조금 섞어 마루와 같은 색을 만든다.

3 흠이 난 자리에 퍼티를 충분히 발라 파인 부분을 메운다.

4 스크래퍼로 나뭇결을 따라 여분의 퍼티를 긁어낸다. 힘주어 긁으면 파일 수 있으니 주의한다.

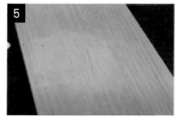

5 퍼티를 바짝 말린 뒤 색깔, 두께 등을 확인한다.

6 수분이 날아가면서 메운 부분이 주저앉으므로 퍼티를 덧발라 다시 굳힌다.

7 커터로 주변의 퍼티를 긁어내고 표면을 매끄럽게 다듬는다.

8 물티슈로 닦는다.
* 채우고 긁어내고 닦는 과정을 반복하면 더 자연스럽게 된다.

벽에 구멍이 났을 때

내력벽이 아닌 경우는 합판이나 석고보드를 대고 도배를 하기 때문에 가구에 찍히거나 하면 쉽게 구멍이 난다. 구멍 뒤 공간이 비어 있는 경우는 부분 도배를 하기가 난감하다. 이럴 땐 석고보드나 판자를 대고 구멍을 메운다.

난이도 ★★★★☆

도구
전동 드릴, 커터, 연필

재료
석고보드(또는 나무판자),
나사못, 실리콘

1 구멍을 막을 수 있는 크기의 석고보드나 나무판자를 준비한다.

2 석고보드를 벽지에 대고 구멍이 충분히 가려질 만큼 넉넉히 연필로 선을 긋는다.

3 선을 따라 커터로 깊게 칼집을 낸다.

4 커터로 자르거나 손으로 두둘겨 석고보드를 잘라낸다.

5 자른 면을 커터로 고르게 다듬는다.

6 석고보드로 뒷받침을 만들어 한쪽 뒷면에 댄다.

* 뒷받침용 석고보드는, 길이는 구멍보다 조금 길게, 폭은 절반 정도 되게 2개 만든다.

7 양쪽에 나사못을 박아 뒷받침을 고정한다.

* 뒷받침에 실리콘을 조금 발라 대고 나사못을 박으면 더 튼튼하다.

8 석고보드 뒷면에 실리콘을 발라 구멍에 대고 붙인 뒤, 못 자국까지 가릴 수 있는 크기로 벽지를 오려 붙인다.

미닫이 레일 & 롤러 교체하기

PVC 소재의 미닫이문 레일이 깨지면 여기에 롤러가 걸려 문이 열리지 않는다. 분리형 레일인 경우에는 해체 작업이 쉬운데, 일체형일 경우에는 드라이버나 플라이어로 부숴가면서 제거해야 해 작업이 쉽지 않다. 레일은 황동 소재가 내구성이 좋다.

난이도 ★★★★★

도구
전동 드릴, 커터, 망치,
일자 드라이버,
워터 펌프 플라이어,
실리콘 건

재료
미닫이 레일, 새시 롤러,
못, 나사못, 투명 실리콘

1 양쪽 문짝을 모두 빼낸다.

2 망가진 레일을 떼어낸다. 손으로 뗄 수 있는 부분은 최대한 떼어낸다.

3 잘 떨어지지 않는 부분은 일자 드라이버를 틈새에 대고 망치로 두들기면 쉽게 떨어진다.

4 단단한 부분은 플라이어나 펜치로 부러뜨려 떼어낸다.

5 커터로 울퉁불퉁한 부분을 매끈하게 다듬는다.

6 문틀을 깨끗이 닦고 새 레일을 대어보아 크기를 확인한다.

7 레일을 고정하기 전에 투명 실리콘을 문틀에 발라 고정력을 높인다.

8 레일을 두 줄 모두 붙인다.

9 레일과 같은 소재의 못을 레일 구멍에 맞춰 모두 박는다.

* 못 머리가 올라와 있으면 여닫을 때 롤러가 걸리므로 깊숙이 박는다.

10 롤러의 나사못을 드라이버나 전동 드릴로 푼다.

11 플라이어로 롤러를 꽉 집어 빼
낸다.

12 레일과 같은 소재의 롤러를 끼워 넣고 나사못을 조인다.

13 문을 끼우고 여닫아보아 걸리
는 부분이 없는지 체크한다.

14 걸리는 부분이 있으면 망치로
못 머리를 두들겨 안으로 집어넣
는다.

깨진 새시 레일 덧씌우기

PVC 소재의 새시 레일은 오래 사용하면 깨질 수가 있다. 인터넷에 '새시 레일'로 검색하면 원하는 크기로 살 수 있다. 레일에 턱이 생기면 안 되므로 창틀 전체 길이로 주문한다. 그냥 씌워도 되지만 실리콘이나 접착제를 조금 바르고 씌우면 소음도 덜하고 내구성이 더 좋아진다.

❶ 깨진 레일의 두께와 높이를 정확히 잰다.

❷ 기존 레일의 두께보다 2~3mm 여유 있게 주문한다. 높이는 조금 짧아도 괜찮다.

❸ 창문을 위로 들어 빼내고 깨진 레일 전체에 실리콘이나 접착제를 바른 뒤 새로 주문한 레일을 덧씌운다.

❹ 창문을 위부터 끼워 넣고 여닫아 걸리는 데가 없나 체크한다.

액자레일 설치하기

액자레일은 철물점에서 대개 2m 단위로 파는데, 필요한 길이대로 잘라달라고 하면 좋다. 구멍도 미리 뚫어오면 편하다. 인터넷으로 구입했다면 쇠톱이나 그라인더로 알맞게 자른 뒤, 철재용 드릴 비트로 구멍을 뚫어놓는다.

난이도 ★★★☆☆

도구
전동 드릴

재료
액자레일, 나사못

1 벽이나 천장에 나사못으로 레일을 고정한다. 2m 정도 길이라면 양끝과 가운데 한 군데 정도 박으면 된다.

* 벽이 콘크리트인지 합판인지 확인해 그에 맞는 나사못을 준비한다. 천장은 대부분 석고보드이다.

2 레일 상부 고리의 나사를 살짝 푼다.

* 액자 고리는 벽용과 천장용이 다르므로 주의한다. 색깔은 선택할 수 있다.

3 레일 끝에 상부 고리를 끼운 뒤, 위치를 조정하고 나사를 조인다.

4 줄을 짧게 하려면 하부 고리의 나사를 풀고 버튼을 누른 채 고리를 위로 올린다. 남는 줄은 자른다.

5 줄을 길게 하려면 하부 고리 위쪽에 핀처럼 튀어나온 부분을 누른 채 고리를 밑으로 내린다.

*마감 캡을 원하는 색으로 구입해 레일 양옆에 끼우면 더 깔끔하다.

PART

2

/

주방

KITCHEN

주방

싱크대 경첩이 망가졌을 때

싱크대 경첩이 헐거워지면 나사못을 박았던 구멍에 이쑤시개나 젓가락을 끼워 넣어 고정하기도 한다. 하지만 너무 낡아 이 방법으로도 안 된다면 교체해야 한다. 기존의 타공 경첩을 무타공 경첩으로 손쉽게 바꿔 달 수 있다.

난이도 ★★☆☆☆

도구
전동 드릴

재료
무타공 경첩, 나사못

1 싱크대의 망가진 경첩을 떼어낸다.

2 타공한 자리의 위나 아래에 무타공 경첩을 부착한다. 무타공 경첩은 좌우가 없다.

3 경첩을 펴서 싱크대 몸체 안쪽에 끝에서 2~3mm 정도 떨어뜨려 나사못을 박는다. 임시 고정용이므로 1개만 박고 꽉 조이지 않는다.

4 맞대는 싱크대 문짝의 위치를 잘 맞춘 뒤 대각선으로 나사못 1개를 박는다. 마찬가지로 임시 고정용이다.

5 문을 닫아보아 수평이 맞으면 그대로 나머지 나사못을 박아 단단히 조인다.

6 수평이 잘 맞지 않으면 조정이 필요하다. 나사못을 다시 빼고 경첩을 앞으로 당겨 나사못 1개를 박는다.

7 문짝 경첩도 위치를 옮겨 나사못 1개를 박는다.

8 문을 닫아 수평을 확인한 뒤 나사못을 모두 박는다. 다른 경첩도 확인해보고 헐거워진 나사못을 꽉 조인다.

 +plus　경첩의 종류 ──────────────

위는 왼쪽부터 가구 경첩, 싱크대 경첩, 욕실장 경첩이고, 아래는 것은 싱크대용 무타공 경첩이다. 싱크대와 욕실장 경첩은 모양은 같고 크기만 다르다. 위에 있는 것은 숨은 캐비닛 경첩이라고 하는데 문짝에 둥근 구멍을 뚫고 달아야 하는 타공 경첩이다. 전동 드릴에 보링 비트를 끼워 구멍을 낸다.

옷장 등 가구와 싱크대는 대부분 타공 경첩을 쓰지만, 직접 수리할 때는 평평한 무타공 경첩을 쓰는 것이 쉽다. 철물점에서 판매하지 않는 경우도 있으니 미리 문의해본다. 인터넷으로 주문하는 것도 방법이다.

싱크대 문 시트지 붙이기

싱크대는 시트지만 붙여도 새것 같은데, 엄두가 안 나서 시공을 맡기기도 한다. 단돈 몇 천 원으로 깔끔하게 리폼하는 방법을 소개한다. 가장 중요한 포인트는 시트지를 붙이기 전에 프라이머를 모서리까지 꼼꼼하게 발라 접착력을 높이는 것이다.

난이도 ★★☆☆☆

도구
전동 드릴, 커터,
스펀지(또는 페인트 롤러),
150방 사포, 마른걸레,
면장갑, 헤어 드라이어

재료
시트지, 수성 프라이머

1 오래되어 군데군데 벗겨지고 얼룩진 싱크대.

2 전동 드릴로 경첩을 모두 떼어내고 손잡이도 분리한다.

3 기존의 시트지를 벗겨낸다. 한 번에 잘 벗겨지지 않으므로 커터로 길게 조각을 내고 헤어 드라이어로 열을 쐰다.

4 칼집 낸 시트지를 쭉 잡아당겨 벗긴다. 드라이어의 열에 접착력이 약해져 부드럽게 벗겨진다.

5 시트지를 다 벗겨낸 뒤 사포로 문질러 매끄럽게 만든다. 테두리도 가볍게 사포질한 뒤 마른걸레로 닦는다.

6 프라이머를 발라 접착력을 높인다.

* 양이 많으면 트레이에 부어 롤러로 문지르고, 소량이면 프라이머를 문짝에 직접 부어 스펀지로 펴 바른다.

7 스펀지를 적당한 크기로 잘라 앞면과 옆면에 프라이머를 꼼꼼하게 바른 뒤 보송보송하게 말린다.

* 헤어 드라이어로 말리면 빠르다.

8 시트지를 여유 있게 자른 뒤 한쪽 끝을 접어 뒷면의 이형지를 조금만 떼어낸다.

9 옆면까지 붙일 것을 계산해 시트지를 문의 앞면 한쪽 끝에 여유를 두어 댄다.

10 한손은 면장갑을 끼고 시트지를 문지르면서 붙이고, 다른 손은 시트지 뒷면의 이형지를 돌돌 말아가며 조금씩 떼어낸다.

* 흔히 스크래퍼를 이용하는데, 손으로 하면 더 쉽고 기포가 생기는지 촉감으로 알 수 있어 좋다.

11 옆면은 완전히 붙이지 말고 모서리를 꺾어 손바닥으로 쓱 문지른다.

12 기포가 생겼다면 칼끝으로 콕콕 찔러 구멍을 낸 뒤 손으로 문질러 기포를 뺀다.

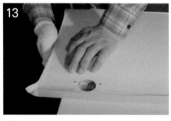

13 문짝을 뒤집은 뒤 장갑 낀 손으로 힘있게 시트지를 감싸 올리면서 옆면을 문질러 붙인다.

14 남는 시트지는 잡아당기면서 커터로 바짝 잘라낸다.

15 모서리는 커터로 시트지를 안에서 일자로 자른 뒤 아물려 붙이고 남는 시트지를 자른다.

16 드라이어로 열을 고루 가해 문지른다.

17 옆면은 떨어지기 쉬우므로 꼼꼼히 문질러 붙인다.

18 손잡이를 붙이고 경첩을 단다.

+plus

시트지가 떨어졌다면

문짝 옆면이나 모서리는 접착제를 바르더라도 시트지가 다시 떨어지기 쉽다. 이럴 때 접착제 없이도 헤어 드라이어로 간단히 붙일 수 있다.

❶ 헤어 드라이어 열풍으로 굳은 접착제를 녹인다.

❷ 열을 적당히 가한 뒤 손으로 꾹꾹 누르고 문지르면 접착력이 되살아난다.

❸ 모서리는 계속 열을 가하면서 여러 번 문지른다.

* 접착제를 얇게 바른 뒤 헤어 드라이어로 열을 쐬면서 붙여도 좋다.

싱크대 문이 쾅 닫힐 때

댐퍼형 경첩   푸시 댐퍼

오래된 싱크대는 경첩에 완충장치인 댐퍼가 없는 경우가 많아 문이 급하게 닫히면서 '쾅' 소리가 난다. 소리도 거슬리지만 손이 끼어 다칠 염려도 있다. 댐퍼형 싱크대 경첩으로 교체하거나 손쉽게 완충장치를 부착하는 방법이 있다.

난이도 ★★☆☆☆

도구
전동 드릴

재료
댐퍼형 싱크대 경첩 또는 푸시 댐퍼(스무버), 나사못

댐퍼형 경첩으로 교체하기

1-1

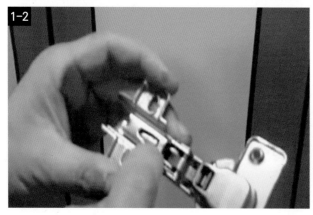

1-2

1 댐퍼가 있는 싱크대 경첩을 준비한다. 얼핏 보면 일반 경첩과 큰 차이가 없지만, 홈을 들여다보면 안에 댐퍼가 들어있다. 일반 경첩은 안이 비어있다.

2 전동 드릴로 나사못을 모두 풀어 경첩을 떼어낸다.

3 떼어낸 자리에 그대로 댐퍼형 경첩을 끼운다.

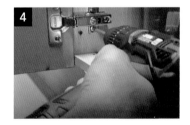

4 나사못을 박아 고정한다.

푸시 댐퍼 달기

1 T자 모양의 푸시 댐퍼를 싱크대 천장에 나사못으로 고정한다.

2 나사못 2개를 모두 박는다.

* 푸시 댐퍼는 달기도 쉽고 가격도 댐퍼형 경첩보다 싸다.

싱크대 걸레받이가 자꾸 쓰러질 때

설거지를 할 때 무심코 걸레받이를 발로 차면 자꾸 쓰러지는 경우가 있다. 싱크대가 오래되어 걸레받이와 하부장 사이가 떨어져 생기는 현상으로 다시 세워놓아도 마찬가지다. 간판이나 등을 부착할 때 쓰는 형광등 고정 클립으로 쉽게 해결할 수 있다.

난이도 ★★☆☆☆

도구
전동 드릴

재료
형광등 고정 클립, 나사못

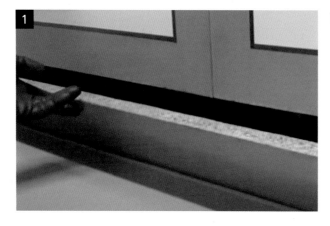

1 싱크대 걸레받이를 빼서 젖혀놓는다.

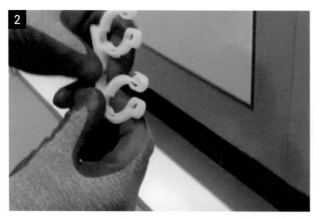

2 형광등 고정 클립을 1~2개 준비한다.

* 몇 백 원 정도라 인터넷으로 사면 배송비가 더 들 수 있다. 철물점에 없다면 간판 가게에 들러보자. 운 좋으면 공짜로 얻을 수도 있다.

3 가운데에 있는 싱크대 다리에 클립을 끼워본다. 대부분 잘 들어 맞는다.

4 고정 클립을 다리 위치에 맞춰 걸레받이 위에 놓는다.

5 걸레받이에 나사못을 박아 클립을 고정한다.

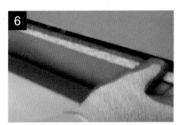

6 걸레받이를 세워 '딸깍' 소리가 날 때까지 밀어 넣는다.

7 걸레받이를 다시 빼낼 일이 생길 수 있으므로, 잘 안 보이는 구석에 나사못을 살짝 박아놓거나 작은 1구 손잡이를 단다.

8 걸레받이를 열 때는 나사못(손잡이)을 잡아당기고, 닫을 때는 클립을 싱크대 다리에 맞춰 밀어 넣는다.

싱크대 수전 교체하기_원홀형

싱크대 수전을 직접 교체하는 일이 쉽지는 않지만, 요령을 알면 별다른 도구 없이 혼자서도 할 수 있다. 수전은 크게 벽면형과 원홀형이 있는데, 원홀형은 싱크볼 가장자리의 구멍에 끼워 설치한다. 코브라형보다 호스가 있는 것이 사용하기 편하다.

난이도 ★★★★☆

도구
워터펌프 플라이어,
니퍼, 다목적 가위

재료
원홀형 싱크대 수전,

1 싱크대 하부장의 안쪽 바닥에 마른걸레를 깐 뒤 밸브를 잠근다. 오른쪽이 직수, 왼쪽이 온수다.

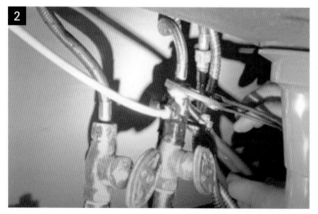

2 플라이어 하나로 배관을 단단히 잡고, 다른 플라이어로 너트를 푼다.

* 플라이어가 1개밖에 없으면 한 손으로 배관을 꽉 잡아 배관이나 정수기 줄이 움직이지 않게 한다.

3 호스가 꼬여서 너트가 잘 안 풀리면 가위로 호스를 자른다.

4 너트를 마저 돌려 빼낸다.

5 주름진 헤드 호스에 연결된 추는 일자 드라이버로 고정쇠를 열어 떼어내고, 연결된 너트는 플라이어로 푼다. 이때도 호스를 잘라 작업하면 쉽다.

6 하단의 고정 부품을 확인한다. 플라스틱 타입은 장갑 낀 손으로 단단히 잡고 돌리면 된다. 금속으로 된 것은 오래되면 해체하기가 어렵다.

7 고정 부품은 공간이 좁아 도구를 쓰기 어렵고, 오래되면 해체가 잘 안 된다. 먼저 수전을 양손으로 꽉 잡고 앞뒤 좌우로 살짝 꺾은 뒤 돌리기를 반복한다.

8 수전이 헐거워지면 한 손으로 고정 부품을 꽉 잡고 다른 손으로 수전을 반대 방향으로 돌리면서 헐겁게 만든 뒤, 고정 부품의 너트를 돌려 푼다.

9 수전과 호스를 뺀다. 호스는 한꺼번에 빼지 말고 가는 호스를 먼저 꺼낸 뒤 하나씩 꺼낸다.

10 구멍 주변을 깨끗이 닦고 새 수전을 끼워 넣는다. 이때 수전 밑부분에 고무패킹이 끼워져 있는지 꼭 확인한다.

* 수전의 호스는 굵은 것부터 차례로 하나씩 넣는다.

11 하단 고정 부품의 날개는 니퍼로 부러뜨린다. 그래야 작업하기가 쉽다.

12 고정 부품 위에 고무패킹이 있는지 확인한 뒤 굵은 호스부터 하나씩 차례로 끼워 넣는다.

13 고정 부품을 위로 쭉 올린 뒤 손으로 돌려 단단히 고정한다.

14 수전의 위치를 바로잡는다.

15 온수 호스를 왼쪽 배관에, 직수 호스를 오른쪽 배관에 연결한다.

* 배관이 움직이지 않도록 한 손으로 잡고 다른 손으로 너트를 돌려 고정한 뒤, 플라이어로 단단히 조인다.

16 가장 짧은 혼합 호스와 가장 길고 주름진 헤드 호스를 연결한다. 플라이어 2개로 조이면 더 단단하게 고정할 수 있다.

17 헤드 호스에 추를 단다.

18 수전의 헤드를 뽑아 호스 길이를 확인하고, 밸브를 열어 물을 틀어 본다.

* 밸브를 너무 세게 돌리면 오래된 것은 부러질 수 있으니 주의한다. 끝까지 돌리지 말고 수압을 확인하면서 조금씩 연다.

오래된 수전에서 찌꺼기가 나온다면 ────────────────

 물을 틀었을 때 검은 찌꺼기가 나오는 이유는 대개 고무패킹이 오래되어 삭았기 때문이다. 이럴 때는 우레탄 패킹으로 교체하면 되는데, 수전을 새것으로 교체할 때도 미리 바꿔주면 좋다. 수전의 헤드와 호스 연결 부위, 냉·온수 호스와 배관 연결 부위, 헤드 호스와 혼합 호스 연결 부위를 열어 검은색 고무패킹을 흰색 반투명의 우레탄 패킹으로 교체한다. 철물점에서 싱크대 호스용(소형)으로 사면 된다.

❶ 수전 호스에 끼워져 있는 오래된 고무패킹.

❷ 오래된 고무패킹을 빼고 우레탄 패킹을 끼운 뒤 헤드를 연결한다.

싱크대 수전 교체하기_벽면형

벽면에 설치하는 싱크대 수전은 잘못 시공하면 연결 부위에서 물이 샐 수 있다. 벽의 배관과 연결하는 고정쇠(편심)에 테플론 테이프를 단단히 감아 유격을 줄이고, 고정쇠 간격을 수전과 딱 맞게 조절하는 것이 관건이다.

난이도 ★★★★☆

도구
멍키 스패너,
일자 드라이버

재료
벽면형 싱크대 수전,
테플론 테이프

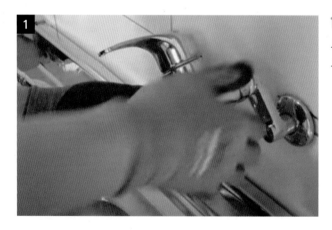

1 편심의 볼트를 일자 드라이버로 오른쪽으로 돌려 잠근 뒤, 수전과 편심이 연결된 부위를 풀어 헤드를 떼어낸다.

2 벽면 고정장치인 편심을 멍키 스패너로 꽉 잡고 지그시 돌려 푼다. 갑자기 힘주어 돌리면 부식된 부분이 부러질 수 있다.

3 편심을 떼어낸 뒤 구멍 주변과 배관 안을 깨끗이 닦는다.

4 새 편심은 테플론 테이프를 미리 감아둔다(p.32 참고).

5 편심을 끼워 넣고 대략의 간격을 맞춰 뻑뻑할 때까지 돌린다.

6 멍키 스패너로 한 바퀴 더 돌려 고정한다.

* 한 바퀴가 다 돌아가지 않으면 원위치로 되돌아온다. 이미 뻑뻑할 때까지 돌린 상태이므로 물이 샐 염려는 없다.

7 옆에서 봤을 때 양쪽 편심이 일직선이 되어야 제대로 된 것이다.

8 새 수전에 고무패킹이 끼워졌는지 확인한다.

* 우레탄 패킹으로 교체하면 더 좋다.

9 새 수전을 한쪽 편심 구멍에 맞춰 너트를 조인 뒤 다른 쪽 편심에도 연결한다.

10 너트가 끝까지 돌아가지 않으면 간격에 오차가 있는 것이다.

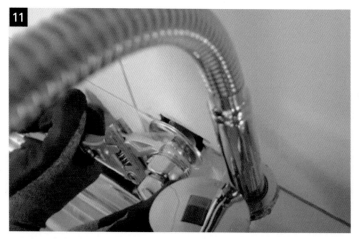

11 연결한 쪽 편심을 멍키 스패너로 잡고 좌우로 움직여 다른 쪽 편심 구멍에 수전을 정확히 맞춰 연결한다.

12 너트를 손으로 돌린 뒤 멍키 스패너로 꽉 조인다.

13 수도계량기를 열어 물이 잘 나오는지 확인한다.

SOS! 배관에 편심을 연결할 때 자꾸 헛돌아요 ────────

벽의 배관에는 니플이라는 볼트형 부품이 달려있다. 니플은 편심과 배관을 연결하는 역할을 하는데, 이것이 안으로 쑥 들어가 있으면 편심을 연결할 때 헛돌아 끼워지지 않는다. 이럴 때는 서비스 니플로 간단하게 해결할 수 있다. 배관에 서비스 니플을 돌려 끼운 뒤 편심을 연결하면 된다. 철물점에서 구입할 수 있다.

❶ 편심과 백돤의 연결을 돕는 서비스 니플.

❷ 깊숙이 있는 벽 속 배관에 서비스 니플을 돌려 끼운다.

싱크대 배수구에서 악취가 올라올 때

싱크대 배수구에는 늘 물이 차있어 냄새가 올라오는 것을 막는 통이 있다. 평소 배수구 통과 관을 전용 세제나 과탄산소다 등으로 닦으면 냄새를 예방할 수 있다. 그래도 해결이 안 될 때는 S자로 된 악취 차단 트랩을 설치해 냄새를 차단한다.

난이도 ★★★☆☆

도구
가위, 물티슈

재료
싱크대 악취 차단 트랩
(S자 트랩), PVC 접착제

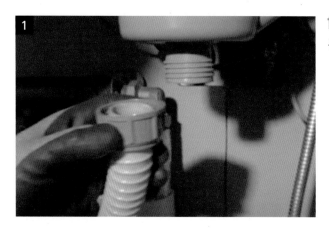

1 싱크대 하부장을 열고 배수구 통에 연결된 호스를 푼다.

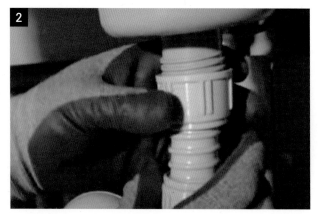

2 통에 악취 차단 트랩 상부를 끼워 나사선이 맞는지 확인한다.

* 악취 차단 트랩은 너트의 나사선이 넓은 것과 좁은 것 2가지가 있다. 배수구 통 볼트의 나사선을 확인해 맞는 것을 구입한다.

3 기존 호스의 너트를 힘주어 돌려 빼낸다.

4 호스를 가위로 평평하게 자른다.

5 물때에서도 악취가 나므로 휴지나 물티슈로 호스 내부의 물때를 닦는다.

6 트랩 하부의 너트를 빼서 호스에 먼저 끼운다.

7 너트 안에 들어있는 패킹이 있는 연결 부품 PVC 접착제를 바르면 더 좋다.

8 접착제가 굳기 전에 연결 부품을 호스에 끼운다.

9 트랩 하부를 끼우고 너트를 단단히 조인다.

10 트랩 상부를 배수구 통에 끼우고 너트를 단단히 조인다. S자로 구부러진 부분에 물이 늘 차있어 냄새가 올라오지 않는다.

+plus 악취 차단 트랩의 종류

악취 차단 트랩은 너트의 나사 폭이 좁은 것과 넓은 것 2가지가 있다. 구입할 때 기존 호스의 너트를 가져가거나 배수구 통의 볼트 부분을 사진 찍어서 보여주면 좋다.

왼쪽은 나사 폭이 넓은 너트, 오른쪽은 좁은 너트이다.

배수구 통의 볼트 부분. 나사 폭이 굵은 경우이다.

악취 차단 트랩이 배수구 통에 안 끼워져요

배수구 통의 볼트와 악취 차단 트랩의 나사 폭이 맞지 않으면 끼워지지 않는다. 이럴 때는 기존 호스의 너트를 악취 차단 트랩에 끼워 체결하는 것이 방법이다.

❶ 악취 차단 트랩의 상부에서 연결 부품을 돌려 빼낸다.

❷ 부품을 빼낸 부분 둘레에 PVC 접착제를 바른다.

❸ 기존 호스의 너트와 부품을 악취 차단 트랩의 상부에 연결한다.

❹ 배수구 통의 볼트에 끼워 조인다.

싱크대 물이 역류할 때

싱크대가 막힌 것도 아닌데 많은 양의 물을 버렸을 때 물이 역류하는 현상이 자주 발생한다면 배수구의 호스를 점검해본다. ㄱ자로 꺾이는 배수관에 호스가 닿아서 배수구가 좁아진 경우가 많다. 안으로 더 밀어 넣어 배수가 잘 되게 한다.

난이도 ★★☆☆☆

도구
가위

재료
절연 테이프

1 배구관에 호스가 연결된 모습.

2 배수관에서 호스를 뽑아 고정 캡을 위로 밀어 올린다.

3 호스를 다시 배수관에 넣어 호스 끝이 ㄱ자로 꺾이는 부분에 닿는지 확인한다. 넣었다 뺐다 해보면 턱에 걸리는 듯한 느낌이 든다.

4 호스에 여분이 있다면 더 밀어 넣어 ㄱ자 부분을 지나게 한다. 여분이 없다면 반대로 짧게 자르거나 위로 들어 올려 절연 테이프를 여러 번 감은 뒤 고정 캡으로 고정한다.

 +plus 배수관의 기름때를 방지하려면

싱크대는 음식 찌꺼기와 기름때 때문에 배수관이 좁아지기 쉽다. 과탄산소다나 베이킹파우더, 구연산 등을 이용하는 것도 좋지만, 가장 쉽고 바람직한 방법은 팔팔 끓인 물을 자주 붓는 것이다. 싱크대가 막히기 전에 미리미리 기름때를 방지할 수 있고 악취를 없애는 효과도 있다.

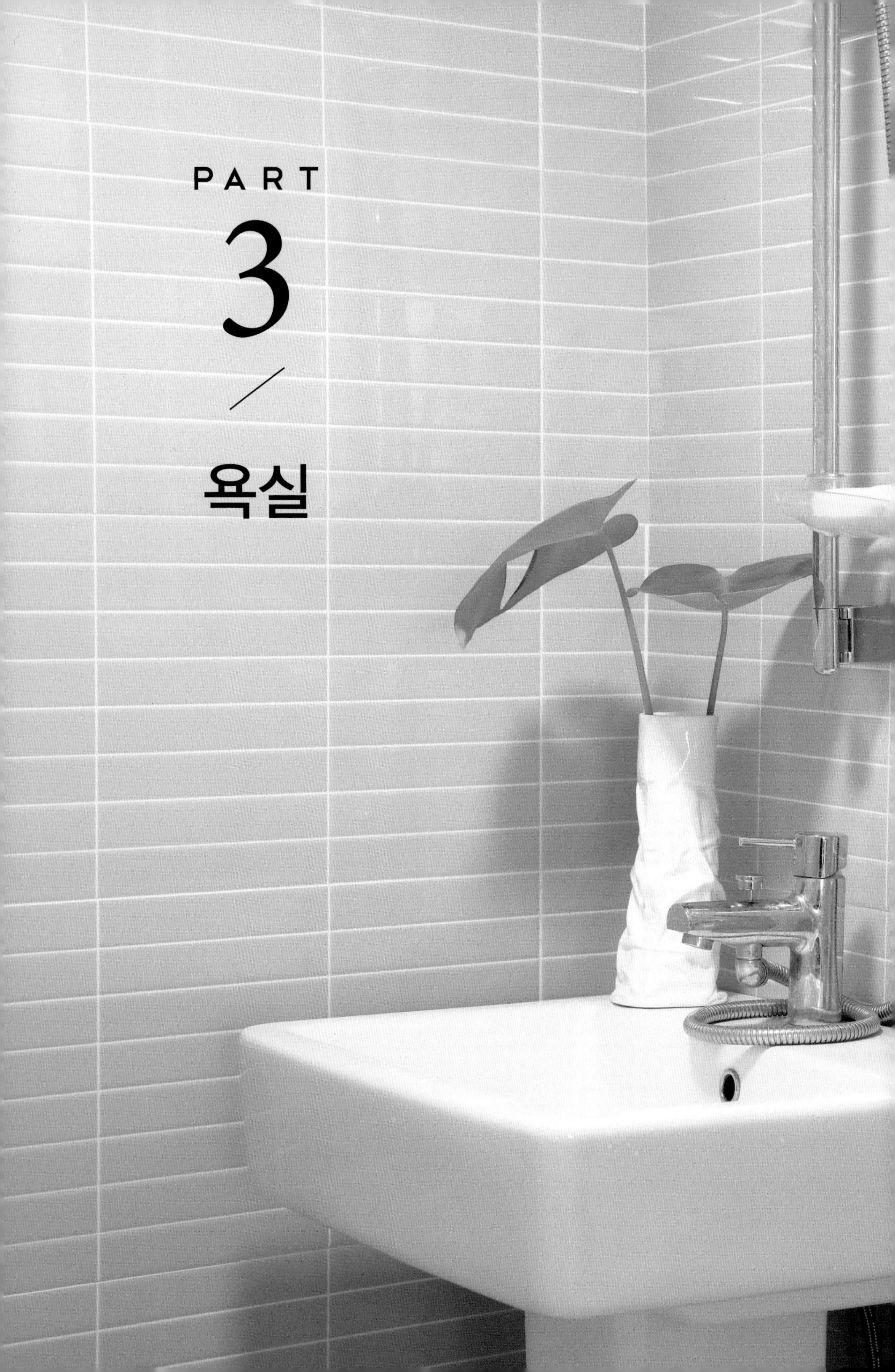

PART 3 / 욕실

BATHROOM

세면기 물이 퍼져 나올 때

세면기 수전에서 물이 옆으로 퍼져 나온다면 토수구의 그물망이 찢어졌거나 없기 때문이다. 이럴 경우에는 토수구만 갈아 끼우면 간단히 해결된다. 토수구는 플라스틱과 철재가 있고 굵기도 다르다. 기존 토수구의 굵기를 확인하고 구입한다.

난이도 ★★☆☆☆
도구
멍키 스패너
재료
토수구

1 물이 거칠게 퍼져 나오는 모습.

2 수전의 토수구를 왼쪽으로 돌려 뺀다.

3 기존 토수구와 같은 크기의 토
수구를 준비한다.

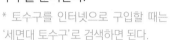

* 토수구를 인터넷으로 구입할 때는
'세면대 토수구'로 검색하면 된다.

4 토수구를 오른쪽으로 돌려 끼
우고 멍키 스패너로 조인다.

5 물이 퍼지지 않고 부드럽게 나
오는 모습.

+plus 1   토수구의 종류 ─────────────────────

세면기 수전의 토수구. 크기와 무게 등이 조금씩 다르다.

+plus 2   방충망을 이용하는 방법 ─────────────────

토수구의 망이 완전히 닳아 없어진 경우, 새것으로 교체
하지 않고 기존의 토수구를 이용하는 방법도 있다. 방충
망을 동그랗게 오려서 토수구에 끼운다.

세면기 수전에서 물이 샐 때

수전의 레버와 몸체 사이에서 물이 샌다면 수전 안에 있는 카트리지
가 원인이다. 카트리지는 더운물과 찬물을 섞는 역할을 하는데, 오
래되면 물이 새거나 잘 안 나올 수 있다. 같은 크기의 카트리지를 구
입해 교체한다.

난이도 ★★★☆☆

도구
멍키 스패너, 송곳

재료
세면기 수전 카트리지

1 수전의 밸브를 잠그고 레버 윗면의 캡을
송곳으로 연다.

2 캡 안에 있는 나사못을 푼다.

* 나사못의 위치가 수전마다 다르다. 레버 바로
아래 캡 안에 있거나 뒤쪽 홈 안에 있는 것도
있다.

3 카트리지를 감싸고 있는 몸체를 돌려 빼낸다. 오래되어 잘 안 풀리면 멍키 스패너를 사용한다.

4 안쪽의 플라스틱 너트를 멍키 스패너로 풀어 뺀다.

5 카트리지를 꺼낸다.

6 새 카트리지를 홈에 맞춰 올리고, 역순으로 조립한다.

 물이 잘 안 나온다면

카트리지의 구멍이 이물질로 막혀서 물이 안 나올 수 있다. 이 경우, 카트리지를 깨끗이 청소하면 물이 잘 나온다.

물이 뜨겁지 않을 때

더운물이 잘 안 나오거나 미지근하다면 보일러로 들어가는 물의 양이 많아 미처 데우지 못한 것일 수 있다. 보일러의 직수 밸브를 조절해 물의 양을 줄이면 빨리 데워져 더운물이 잘 나온다. 세면대나 샤워기의 수압도 체크해서 조절한다.

난이도 ★☆☆☆☆

도구
일자 드라이버

보일러 직수관 수압 조절하기

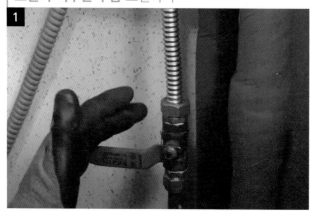

1 보일러에 연결된 관들 중 밸브가 있는 주름관이 물이 들어가는 직수관, 그 옆의 관이 데워진 물이 나오는 온수관이다.

2 직수관의 밸브를 반 정도만 연 뒤 온수를 체크한다. 수압이 낮아지면서 들어가는 물의 양이 줄어들어 잘 데워진다.

세면기 수전 수압 조절하기

1 물을 끝까지 틀어 수압을 체크한다. 직수의 수압이 세면 온수가 따뜻하지 않다.

2 세면기 아래 직수 밸브를 잠갔다가 조금씩 열어 수압을 조절한다.

3 직수를 적정 수압으로 조절하면 따뜻한 물이 훨씬 잘 나온다.

욕조 수전 수압 조절하기

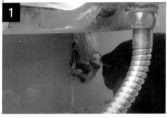 

1 레버를 오른쪽으로 돌려 찬물이 나오게 한 뒤, 오른쪽 편심의 볼트를 일자 드라이버나 동전으로 오른쪽 끝까지 돌려 찬물을 잠근다.

2 편심을 조금씩 열어 찬물을 적정 수압으로 맞춘다.

+ plus 보일러에서 물이 샌다면 ────────────────

 보일러 관에서 물이 새면 관을 타고 바닥의 틈으로 흘러 내려가 아랫집에 누수가 생길 수 있다. 바닥의 틈을 메우고, 주기적으로 배관을 점검해 누수를 예방한다.

❶ 바닥 쪽 관 주변을 걷어내고 바짝 말린 뒤, 우레탄 실리콘이나 일반 실리콘으로 틈을 메운다.

❷ 배관 연결 부분 고무패킹이 오래되면 연결 부분이 조금씩 풀린다. 주기적으로 점검해 멍키 스패너로 꽉 조인다.

세면기 수전 교체하기

세면기 수전이 오래되어 교체할 때 전문가를 부르는 경우가 많은데 비용이 만만치 않다. 멍키 스패너만 있다면 혼자서도 어렵지 않게 할 수 있다. 세면기 수전을 교체할 때 고압호스도 같이 교체하면 좋다.

난이도 ★★★☆☆

도구
멍키 스패너

재료
세면기 수전

1 수전에 달려있는 샤워기는 연결 부위를 멍키 스패너로 풀어 분리한다.

2 세면기 밑에 있는 앵글밸브(수도관 밸브)를 잠근 뒤, 너트를 풀어 밸브와 연결된 고압호스를 분리한다.

3 수전과 연결된 고압호스도 분리한다. 손으로 너트가 잘 안 풀리면 멍키 스패너를 사용한다.

4 낡은 수전을 들어낸다.

5 새 수전의 아랫부분에 흰색 고무패킹을 끼운 뒤, 세면기 구멍에 끼운다.

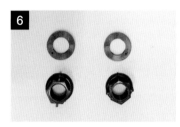

6 한 손으로 수전을 잡고 세면기 밑으로 고무패킹을 먼저 끼운 뒤 너트를 끼워 고정한다. 사진의 링이 고무패킹이고, 각진 부품이 너트이다.

7 샤워기 헤드와 호스의 연결 부위에 각각 고무패킹을 끼우고 꽉 조인다.

8 수전과 연결하는 부분도 고무패킹을 끼우고 연결해 멍키 스패너로 조인다.

9 앵글밸브에 고압호스를 연결해 조인다. 왼쪽이 온수, 오른쪽이 직수이다. 다 되면 물을 틀어 잘 나오는지, 새지 않는지 확인한다.

욕실

세면기 물이 안 내려갈 때

세면기 배수구가 머리카락, 먼지 등으로 막혀 물이 안 내려갈 때가 종종 있다. 케이블 타이만 있으면 간단히 해결할 수 있다. 배수구의 팝업(마개)에 이물질이 끼어도 물이 잘 안 내려가는데, 이럴 경우 팝업을 빼서 깨끗이 씻으면 효과가 있다.

난이도 ★☆☆☆☆

도구
가위

재료
케이블 타이

케이블 타이 활용하기

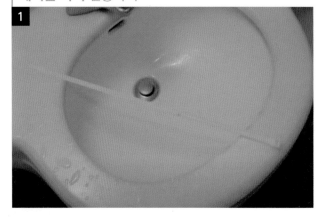

1 전선 등을 정리할 때 쓰는 케이블 타이.

2 30cm 내외의 케이블 타이 양쪽에 어슷하게 가윗밥을 낸다.

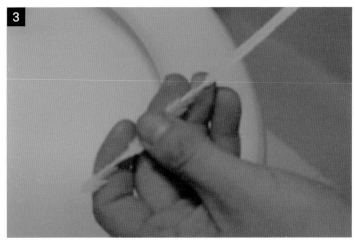

4 케이블타이를 아 래쪽까지 가도록 배수구에 쑥 집어넣었다가 빼면 머리카락이나 먼지 같은 이물질이 달려 올라온다.

* 케이블 타이의 윗부분을 한 번 말아 손잡이를 만들면 더 편하다.

3 끝에서부터 10cm 정도 위까지 가윗밥을 낸 뒤 비튼다.

팝업 씻기

1 세면기 밑의 팝업 조절 장치를 풀어 팝업을 빼서 씻는다.

* 오래된 배관은 삭았을 수 있다. 잘못 만지면 연결 부위가 부러질 수 있으니 건드리지 않는다.

2 팝업 끝의 구멍이 정면을 보게 해 배수구에 다시 끼운다. 그래야 연결하는 쇠막대를 구멍에 끼울 수 있다.

3 쇠막대를 다시 배관에 끼워 팝업 끝을 관통했는지 확인한 뒤 조인다.

세면기 팝업 · 트랩 교체하기

오래된 팝업과 P트랩을 일명 '망치트랩' 또는 '벽트랩'이라고 하는 T 트랩으로 교체한다. 가장 중요한 것은 배관의 기울기다. 벽으로 들어가는 관이 벽 쪽으로 조금 기울어야 배수가 원활하다. 배관의 고무패킹도 단단히 고정한다.

난이도 ★★★☆☆

도구
워터펌프 플라이어

재료
세면기 팝업 트랩,
세면기 T트랩

1 세면기 아래 배관 가운데에 있는 너트를 플라이어로 푼다.

2 뒤에 있는 너트도 푼다.

3 P트랩을 당겨 뺀다. 이때 고여 있던 물이 나온다.

4 벽에 연결된 배관을 잡아 뺀다.

5 세면기와 연결된 배관을 돌려 뺀다.

6 세면기에 연결돼있던 너트를 플라이어로 푼다.

7 너트가 헐거워지면 손으로 돌려 빼고 고무패킹도 뺀다. 고무패킹이 잘 안 빠지면 플라이어로 관을 툭툭 올려 쳐서 헐겁게 만든 뒤 잡아 뺀다.

8 팝업을 빼고 배수구를 깨끗이 닦는다.

9 새 팝업 트랩에 장착돼있는 너트를 돌려 뺀다.

10 팝업 트랩을 세면기 배수구에 집어넣는다.

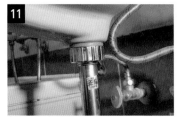

11 빼놓은 너트를 세면기 밑에서 팝업 트랩에 끼워 단단히 조인다.

12 T트랩을 대강 연결해 배관의 기울기를 확인한다. T트랩이 벽의 연결 부위보다 조금 높아야 배수가 원활하다.

13 기울기가 맞지 않으면 팝업 트랩을 잘라내고 연결한다.

* 팝업 트랩을 그라인더로 자를 때는 반드시 보호 캡을 끼우고 자른다. 그라인더가 없으면 철물점에서 잘라 온다. 길이를 조절할 수 있는 노컷 팝업도 있다.

14 T트랩의 너트를 풀어 팝업 트랩에 먼저 끼우고, 함께 있던 고무 패킹을 끼운다.

15 T트랩을 벽 속의 배관에 먼저 끼운다.

16 T트랩을 팝업 트랩에 연결한 뒤, 미리 끼워둔 너트를 내려 조인다.

17 벽으로 들어가는 T트랩 관을 꾹 눌러 벽에 밀착시킨다.

* 잘 밀착되지 않으면 관에 있는 고무패킹을 빼서 벽 속 배관에 먼저 끼우고 관을 집어넣는다. 고무패킹이 단단히 고정되어야 물이 안 샌다.

 배관이 막혔어요 ─────────────

T트랩으로 배관을 설치한 경우, 머리카락 등의 이물질이 끼어 물이 잘 안 내려간다면 트랩 아래쪽의 통을 풀어 이물질을 빼고 다시 끼우면 된다.

 세면기 팝업 뚜껑이 안 올라올 때 ─────────

세면기 팝업 뚜껑을 막고 물을 받아 쓴 뒤 다시 눌렀는데 꿈쩍하지 않을 때가 있다. 생활용품점이나 철물점에서 파는 압착고리를 이용하면 쉽게 해결할 수 있다. 팝업 뚜껑과 같은 크기가 좋고, 물이 조금 있는 상태에서 들어올리면 더 잘 된다.

세면기 교체하기

금이 가거나 깨진 세면기를 바꾸려면 전문가를 불러야 할까? 기존 세면기를 떼어내고 새 세면기를 설치하는 일은 기술이 필요해 보이지만, 차근차근 해보면 어렵지 않다. 무거운 도기를 다루는 일이므로 두 사람이 함께 하면 좋다.

난이도 ★★★★★

도구
드라이버, 육각 렌치,
워터펌프 플라이어

재료
세면기

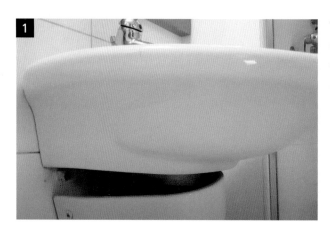

1 세면기 아래 치마를 육각 렌치로 풀어 떼어낸다.

* 세면기에 따라 치마 모양이 다르므로 각각 드라이버나 플라이어 등으로 풀어 떼어낸다.

2 앵글밸브(수도관 밸브)를 양쪽 모두 잠근다.

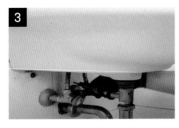

3 세면기 아래 팝업 트랩의 조절
장치를 손으로 푼 뒤 세면기 위에
서 팝업 트랩을 빼낸다.

* 너무 오래된 것은 부서질 수 있으니
조심한다.

4 P트랩을 플라이어로 풀어 뺀다.

5 수도관과 연결된 고압호스도 양
쪽 모두 푼다.

6 세면기 안쪽 깊숙이 있는 벽면과
연결된 너트를 풀어 세면기를 철거
한다.

7 수전에 고무패킹을 끼워 세면기
구멍에 넣는다.

8 세면기 아래쪽에서 너트를 끼워
수전을 고정한다.

9 팝업 트랩의 결합되어 있는 부품을 풀어 배수구에 끼우고, 밑에서 부품을 끼워 고정한다.

10 세면기를 벽에 있는 볼트에 맞춰 끼우고 안에서 너트를 조인다.

* 볼트에 끼우는 세면기 구멍은 위치가 대부분 같으므로 벽에 박혀있는 볼트를 그대로 사용해도 된다.

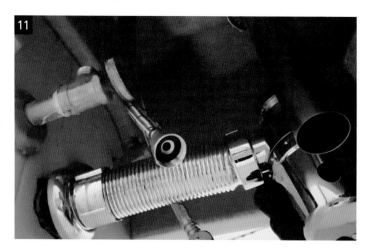

11 T트랩을 대강 벽에 끼워 팝업 트랩과 높이가 맞는지 확인한다. 팝업 트랩이 T트랩의 벽 쪽 연결 부위보다 조금 높아야 배수가 잘 된다.

12 팝업 트랩이 길면 잘라내고 다시 끼운다.

* 그라인더가 없으면 자를 곳을 표시해 철물점에 가져가서 잘라 달라고 한다.

13 고압호스를 양쪽 앵글밸브에 연결한다. 빨간 선은 왼쪽 온수, 파란 선은 오른쪽 직수다.

14 T트랩을 연결한다. 팝업 트랩과 연결되는 부분의 너트와 고무 패킹을 풀어 팝업 트랩에 순서대로 끼운 뒤 연결한다.

* 너무 꽉 조이면 고무패킹이 찢어질 수 있으니 적당히 조인다.

15 벽 속 배관에도 T트랩을 끼우고 캡을 벽면에 바짝 붙여 고정한다.

16 앵글밸브를 열고 물을 틀어본다. 레버를 좌우로 돌려 수압을 확인하고, 밸브를 열거나 잠가 조절한다.

벽면형 수전에서 물이 샐 때

더운물과 찬물을 조절하는 카트리지가 오래되면 유격이 생겨 수전에서 물이 샌다. 카트리지만 교체하면 문제가 간단히 해결된다. 수전에 따라 카트리지 크기가 다르므로 기존의 것을 확인해 같은 것을 구입한다.

난이도 ★★★☆☆

도구
송곳, 일자 드라이버, 육각 렌치

재료
샤워기 수전 카트리지

1 편심(수전과 벽면 사이에 설치하는 연결 부품)의 볼트를 일자 드라이버로 조여 물을 잠근다.

2 송곳으로 레버 앞쪽의 캡을 연다.

3 안에 있는 나사못을 풀어 레버를 분리한다. 나사못 머리의 육각형 홈에 육각 렌치를 끼워 돌린다.

4 몸체의 윗부분을 풀어 빼고 카트리지를 꺼낸다.

5 크기와 간격이 맞는 카트리지를 홈에 맞춰 올리고, 역순으로 조립한다.

수전이 있는 벽에서 물이 샐 때

수전이 부착된 벽에서 물이 흐른다면 수전이 벽 속의 수도관과 제대로 결합되어 있지 않아서이다. 아랫집 누수의 원인이 될 수 있으므로 꼭 보수해야 한다. 편심을 교체하거나 서비스 니플을 이용하면 쉽게 해결할 수 있다.

난이도 ★★★★☆

도구
멍키 스패너

재료
편심, 서비스 니플,
테플론 테이프

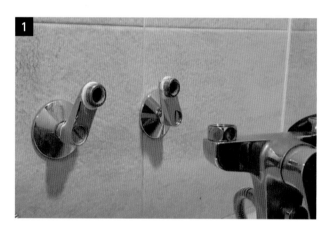

1 수도계량기를 잠그고 수전과 편심(수전과 벽면 사이에 설치하는 연결 부품)을 연결한 너트를 멍키 스패너로 풀어 수전을 떼어낸다.

2 멍키 스패너로 편심을 단단히 잡고 왼쪽으로 돌려 뺀다.

3 벽 속 배관 주변의 이물질을 깨끗이 긁어낸다. 사진의 경우 테플론 테이프도 밀려있는 상태다.

4 연결 부위가 긴 새 편심으로 교체하는 방법과, 긴 서비스 니플을 연결해 길이를 연장하는 방법이 있다.

5 편심을 교체할 경우 정상인 쪽도 같이 교체하는 것이 좋다. 먼저 정상인 쪽 편심을 떼고 새 편심에 테플론 테이프를 감아(p.32 참고) 벽 속 배관에 끼운다. 손으로 돌리다가 더 이상 돌아가지 않으면 멍키 스패너로 조금 더 조인다.

* 오래된 집은 너무 꽉 조이면 배관이 부러질 수 있으니 조심한다.

6 누수가 있던 쪽은 수도관이 깊이 박혀 있으므로 새 편심에 서비스 니플을 끼워 길이를 연장한다. 편심의 니플과 서비스 니플에 각각 테플론 테이프를 감은 뒤, 서비스 니플을 편심에 돌려 끼우고 수도관에 연결한다.

7 편심을 손으로 돌려 고정한 뒤 멍키 스패너로 다른 쪽과 단차를 맞춰 조인다.

8 편심을 조금씩 풀거나 조이면서 간격을 조절해 수전과 위치를 맞춘다.

9 수전의 고무패킹이 빠지지 않았는지 확인한다.

10 수전을 편심에 연결하고 멍키 스패너로 단단히 조인다.

* 멍키 스패너를 끼우거나 뺄 때 흠이 나기 쉽다. 간격을 여유 있게 조절해 넣거나 빼고, 조일 때도 양손으로 단단히 잡아 최대한 움직이지 않게 한다.

11 수도계량기를 열고 편심의 볼트를 풀어 수압을 조절한다.

+ plus 　오래된 벽면 수전 교체하기

오래된 욕조 수전을 교체하려면 '벽붙이 한 개 레버식 온냉수 혼합 꼭지'를 구입한다. 수전과 벽을 연결하는 편심은 오래된 주택이라면 누수 등의 이상이 없는 한 교체하지 않는 게 좋다.

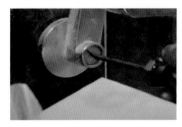

❶ 수도계량기를 잠그거나 편심의 볼트를 바짝 조인다.

❷ 멍키 스패너로 수전과 편심을 연결하는 너트를 풀어 수전을 떼어낸다.

❸ 새 수전에 고무패킹을 끼우고 편심에 연결한다. 간격이 차이 나면 한쪽 편심에 먼저 연결한 뒤, 다른 쪽 편심을 멍키 스패너로 당기거나 밀어 간격을 맞춘다.

❹ 편심의 볼트를 풀어 물이 잘 나오는지 확인한다.

❺ 샤워기 호스 양끝에 고무패킹을 각각 끼운 뒤 한쪽은 수전에, 다른 쪽은 샤워기에 끼워 단단히 조인다.

샤워기, 공구 없이 교체하기

샤워기 헤드 정도야 간단히 교체할 수 있지만, 너무 오래돼서 너트가 잘 풀어지지 않거나 샤워기 호스까지 바꿔야 하는 경우에는 멍키스패너나 워터펌프 플라이어가 없으면 곤란하다. 공구 없이도 집에 있는 주방도구로 쉽게 해결하는 방법이 있다.

난이도 ★☆☆☆☆
도구
주방가위(병따개 달린 것)
재료
샤워기 헤드와 호스

1 샤워기 헤드만 교체하려면 주방가위의 병따개 부분으로 너트를 조인 뒤, 손잡이와 샤워기 헤드를 힘주어 잡고 돌린다.

2 샤워기 전체를 교체할 때는 수전과 연결된 너트를 주방가위 병따개 부분으로 꽉 조인 뒤, 손잡이를 움켜쥐고 다른 손으로 가윗날을 꽉 잡아 시계 반대방향으로 돌린다.
* 한 바퀴만 돌려도 손으로 쉽게 풀 수 있다.

3 수전과 연결할 샤워기 호스 끝에 고무패킹을 끼운다.

4 손으로 너트를 최대한 돌려 호스를 수전에 연결한다.

* 장갑을 끼고 돌리면 더 쉽다.

5 샤워기 헤드와 연결할 호스도 고무패킹이 끼워졌나 확인한 뒤, 헤드를 끼워 꽉 조인다.

* 새 수전을 가위로 조이면 흠이 날 수 있으므로 되도록 손으로 꽉 조인다.

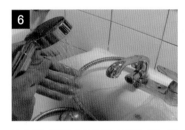

6 물을 틀어 물이 잘 나오는지, 새는 곳이 없는지 확인한다.

 멍키 스패너 대신 마늘다지개로 ─────────

멍키 스패너가 없을 때 마늘다지개도 훌륭한 대체 도구가 된다. 너트를 사이에 끼우고 손잡이 부분을 꽉 쥔 뒤, 다른 손으로 반대편을 잡고 돌리면 된다.

샤워기 슬라이드 바 설치하기

샤워기를 걸어 놓는 슬라이드 바는 전동 드릴만 있어도 손쉽게 설치할 수 있다. 무거운 욕실장은 칼블럭을 박아서 자리잡은 뒤 나사못을 박아야 하지만, 샤워기 걸이나 휴지걸이, 가벼운 선반은 칼블럭 없이 이쑤시개를 이용해 단단하게 고정할 수 있다.

난이도 ★★★☆☆

도구
전동 드릴,
30~35mm 콘크리트용 드릴 비트, 망치, 펜

재료
샤워기 슬라이드 바,
32mm 아연도금 나사못
(아연으로 도금한 방수 나사못), 이쑤시개

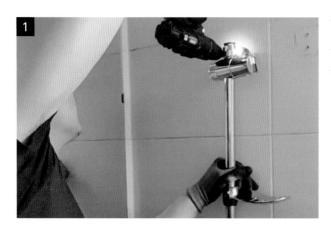

1 슬라이드 바의 위치를 잡고 펜으로 벽에 표시하거나 전동 드릴로 살짝 구멍을 내서 표시한다.

2 전동 드릴에 콘크리트용 드릴 비트를 끼워 타일 벽에 구멍을 뚫는다. 칼블럭을 사용할 경우에는 전동 드릴에 6.5mm 드릴 비트를 끼워 타일 벽에 구멍을 뚫은 뒤 칼블럭을 박아넣고 나사못을 박는다.

* 냉·온수 배관 위로 구멍을 뚫지 않도록 조심한다.

3 이쑤시개를 구멍에 끼워 넣고 망치로 깊이 박는다.

* 이미 못 구멍이 있으면 그대로 활용하는 게 좋다. 못 구멍의 크기는 보통 6mm로 구멍이 크면 이쑤시개를 여러 개 넣어 조절한다.

4 아연도금 나사못을 박아 샤워기 슬라이드 바를 단다.

5 샤워기 슬라이드 바가 단단하게 고정되었는지 확인한다.

+ plus   타일 벽에 붙인 스티커 떼기 ─────────────

❶ 유리세정제나 물을 뿌려 스티커를 불린다. 스테인리스 나사못을 사용하면 녹이 생기지 않는다.

❷ 커터로 위에서 아래로 쭉 밀어낸다. 옆으로 옮겨 밀어내기를 반복하다가 손으로 스티커를 꽉 잡고 떼어낸다. 다시 세정제나 물을 뿌리고 커터로 끈적이는 접착제를 긁어낸다. 스크래퍼를 이용하면 더 쉽다.

수건걸이 설치하기

수건걸이를 설치하려면 먼저 벽에 브래킷을 부착한 뒤 수건걸이를 걸어야 하는데, 양면테이프로 손쉽게 붙일 수 있다. 양면테이프는 시간이 지나면 접착력이 떨어지므로 실리콘으로 마무리하는 것이 요령이다. 휴지걸이나 샤워기 헤드 걸이 등도 가능하다.

난이도 ★★★☆☆

도구
실리콘 건

재료
두께 1mm 이상 양면테이프, 실리콘

1 브래킷을 수건걸이에 끼운 채 양면테이프를 붙인다.

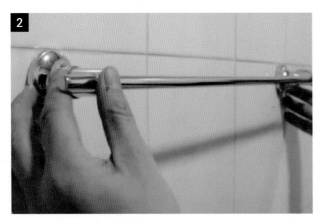

2 수건걸이를 벽면에 꾹 눌러 붙인다.

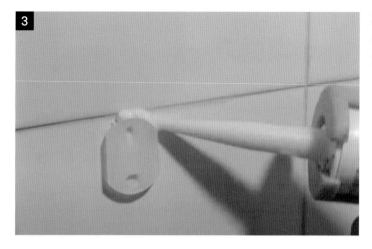

3 수건걸이를 살살 빼낸 뒤 벽면에 붙인 브래킷 주변에 실리콘을 바른다.

4 수건걸이를 다시 건다.

5 삐져나온 실리콘을 손가락으로 매만진다.

6 바로 사용하지 말고 하루 정도 굳힌다.

* 더 견고하게 고정하려면 실리콘을 한 번 더 바른다.

 + plus ── 타일 벽에 생긴 구멍 메우기 ─────────────

❶ 구멍에 실리콘을 짜 넣는다.

❷ 실리콘용 스크래퍼로 다듬어 속까지 실리콘을 채운 뒤 표면을 평평하게 다듬는다.

욕실 선반 설치하기

욕실 선반은 전동 드릴로 욕실 벽을 뚫어 칼블럭을 박아 넣고 브래
킷을 설치하면 된다. 초보자라면 먼저 드릴 사용법을 익힌 뒤 낡은
담장 등 콘크리트 벽에 연습을 해본 뒤 시도하면 좋다(p.25 참조).

난이도 ★★★☆☆

도구
전동 드릴,
60~65mm 드릴 비트,
커터, 펜

재료
나사못, 실리콘

1 전동 드릴에 드릴 비트를 끼우고 레버
를 해머로 바꾼 뒤, 속도 조절 레버를 1단
이나 2단으로 맞춘다.

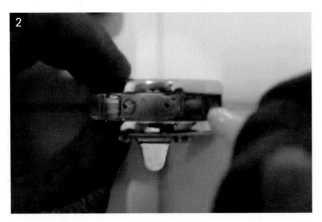

2 벽에 구멍 뚫을 곳을 펜으로 표시한다.
줄눈에 뚫으면 좀 더 쉽다. 단, 선반이 무
거우면 타일에 뚫는다.

3 전동 드릴로 타일 벽에 구멍을
뚫는다.

4 구멍 속에 칼블럭을 끼우고 망치로 살살 두들겨 박는다. 이때 타일이
깨지지 않도록 조심한다. 튀어나온 칼블럭은 커터로 평평하게 자른다.

5 나사못을 박아 브래킷을 벽에
고정한다.

6 브래킷에 선반을 끼우고 아래에
있는 나사못을 조인다. 고무패킹
이 대져 있지만 너무 세게 조이면
유리 선반이 깨질 수 있으니 주의
한다.

7 브래킷 위에 실리콘을 발라 마
감한다. 그래야 나중에도 흔들리
지 않고 더 튼튼하다.

 옹벽이라 드릴이 안 들어가요

전동 드릴은 저렴한 제품을 써도 되지만, 드릴 비트는 좋은 제품을 쓰기를 권한다. 또한 벽
면이 너무 단단해서 드릴 비트가 안 들어갈 때는 먼저 가는 비트로 살짝 뚫은 뒤 굵은 6mm
비트로 뚫으면 쉽다.

코너 선반이 헐거워졌을 때

욕실에 코너 선반을 많이 설치하는데, 오래 지나면 흔들리거나 기울 어지는 경우가 많다. 칼블럭이 헐거워졌기 때문이다. 기존의 칼블럭 을 빼고 좀 더 두꺼운 칼블럭을 박아 다시 달면 단단하게 고정된다.

난이도 ★★★☆☆

도구
전동 드릴,
60~65mm 드릴 비트

재료
나사못, 60mm 칼블럭

1 선반 밑의 나사못을 모두 풀어 선반을 뗀다.

2 칼블럭을 빼낸다. 나사못을 칼블럭에 끼 워 빼내면 쉽다.

* 잘 안 빠지면 드릴 비트로 밀어 넣는 것도 방법이다.

3 전동 드릴에 드릴 비트를 끼워 벽에 구멍을 뚫는다.

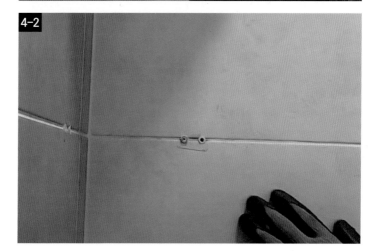

4 기존의 것보다 좀 더 굵은 칼블럭을 박은 뒤 커터로 평평하게 깎아 낸다.

5 선반을 대고 밑에서 나사못을 박는다.

* 그래도 흔들리면 더 길고 굵은 칼블럭을 박아서 타일 뒤 시멘트까지 나사못이 박히게 한다.

변기 필밸브 교체하기_원피스형

물탱크에서 물이 차는 소리가 계속 날 때가 있다. 수위를 조절하는 필밸브가 고장났기 때문이다. 필밸브가 고장나면 물이 멈추지 않는다. 수도요금이 지나치게 많이 나왔다면 필밸브를 점검해볼 필요가 있다. 필밸브를 교체하는 방법을 소개한다.

난이도 ★★★☆☆

도구
멍키 스패너(또는 워터펌프 플라이어)

재료
원피스형 필밸브

1 앵글밸브(수도관 밸브)를 잠그고 물을 내려 물탱크를 비운다.

2 물탱크와 연결된 앵글밸브를 푼다. 손으로 잘 풀리지 않으면 멍키 스패너를 이용한다.

* 이때 오래된 수도관은 교체하는 것이 좋다.

3 물탱크 아래 필밸브를 고정하는 너트를 푼다. 멍키 스패너를 이용하거나 물탱크 안에서 필밸브를 잡고 움직이면서 조금씩 풀어 어느 정도 헐거워지면 너트를 마저 푼다.

4 물탱크 속에 연결된 고무관을 빼고 필밸브를 꺼낸다.

5 새 필밸브의 너트를 풀어 물탱크에 넣고 밑에서 너트를 조인 뒤 멍키 스패너로 단단히 고정한다.

6 수도관을 연결하고, 꺾이는 데가 없는지 확인한다.

* 수도관이 꺾이면 물이 잘 안 나올 수 있다.

7 필밸브에 고무관을 다시 끼우고 물탱크에도 연결한다. 물탱크에 고정할 때는 볼트를 먼저 구멍에 끼운 뒤 고무관을 연결한다.

8 앵글밸브를 열고 물이 어느 정도 차오르면 필밸브에 있는 빨간 버튼을 눌러 물 높이를 조절한다.

변기 필밸브 교체하기_투피스형

변기 물내림 레버에서 물이 새거나 물소리가 계속 난다면 수위를 조절하는 필밸브가 망가졌을 수 있다. 변기 모양에 맞는 필밸브를 구입해 교체한다. 필밸브가 물탱크 벽면이나 다른 부속과 닿지 않도록 배치하는 것이 포인트다.

난이도 ★★★☆☆

도구
멍키 스패너(또는
워터펌프 플라이어)

재료
일반 필밸브

1 앵글밸브(수도관 밸브)를 잠그고 물을 내려 물탱크를 비운다.

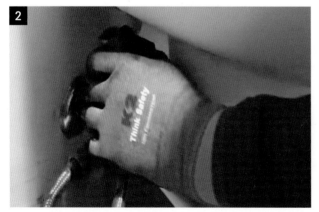

2 물탱크와 연결된 앵글밸브를 푼다. 손으로 잘 풀리지 않으면 멍키 스패너를 이용한다.

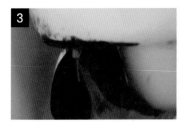

3 물탱크 아래 필밸브를 고정하는 너트를 푼다. 멍키 스패너를 이용하거나 물탱크 안에서 필밸브를 잡고 움직이면서 조금씩 풀어 어느 정도 헐거워지면 너트를 마저 푼다.

4 물탱크 안에 연결된 고무관을 빼고 필밸브를 꺼낸다.

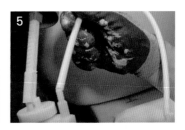

5 새 필밸브에 호스를 끼운다.

6 필밸브를 물탱크에 넣고 밑에서 너트를 끼워 멍키 스패너로 조인다. 이때 필밸브가 물탱크 벽에 닿을 수 있으니 주의한다. 다른 부품과도 닿지 않도록 한다.

7 필밸브에 연결한 호스의 한쪽 끝은 가운데 사이펀 관에 넣고 클립을 꽂는다.

* 수압이 세면 호스가 빠져나올 수 있으므로 반드시 클립으로 고정한다. 변기 안에 물이 차지 않아 악취가 나는 이유도 바로 호스가 빠졌기 때문이다.

8 수도관을 변기에 연결하고 밸브를 열어 물탱크에 물을 채운 뒤, 회색 추를 위아래로 움직여 물의 양을 조절한다. 아래로 내릴수록 물을 절약할 수 있다.

변기 부품 교체하기_원피스형

변기가 오래되고 고장이 잦으면 부품을 통째로 교체하는 것이 나을 수도 있다. 물탱크와 변기가 붙어있는 원피스형과 분리돼있는 투피스형의 부품이 다르므로 기존 변기의 부품을 미리 체크해서 구입한다.

난이도 ★★★☆☆

도구
일자 드라이버,
멍키 스패너(또는
워터펌프 플라이어)

재료
양변기 일반 레버 부품,
원피스형 양변기 부품

1 앵글밸브(수도관 밸브)를 잠그고 물을 내려 물탱크를 비운다.

2 물탱크 안에 필밸브와 연결된 호스를 뺀다.

3 레버에 달려 있는 줄을 뗀 뒤, 양쪽에서 잡고 너트를 돌려 푼다.

4 물탱크 밑의 너트를 풀어 필밸브를 들어낸다.

5 캡(마개)과 연결된 부품은 손으로 부러뜨려 해체한다.

6 배수 역할을 하는 사이펀 가운데에 박혀있는 나사못을 일자 드라이버로 반 정도만 푼 뒤 비틀어 헐거워지면 조금 더 푼다.

7 나사못 밑에 있는 날개 부품이 아래로 떨어지지 않게 조심하면서 사이펀을 완전히 뽑아낸다.

8 새 사이펀은 미리 나사못을 풀어 날개가 헐거워지게 한다.

9 물탱크의 가운데 구멍에 사이펀을 끼우고 가운데 나사못을 일자 드라이버로 조인다.

10 새 필밸브의 너트를 풀어 물탱 크에 넣는다.

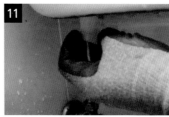

11 밑에서 너트를 조인 뒤 멍키 스 패너로 단단히 고정한다.

12 사이펀에 캡을 '딸깍' 소리가 나 게 끼운다.

13 호스를 먼저 필밸브에 꽂고, 반 대쪽은 사이펀의 관 안에 넣어 클 립으로 고정한다. 필밸브가 물탱 크 벽이나 다른 부품과 닿지 않게 조절한다.

14 레버의 너트를 풀어 구멍에 끼 우고 너트를 조인다.

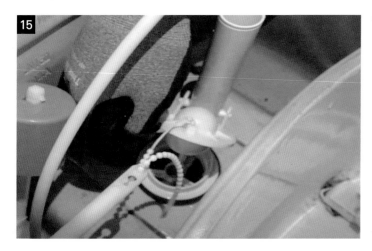

15 사이펀 캡에 달린 줄을 레버에 연결한다. 레버를 눌러보아 끈이 너무 짧거나 길지 않게 조절한다.

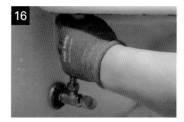

16 고압호스를 필밸브에 연결한다.

17 앵글밸브를 열어 변기에 물을 채운다.

18 필밸브의 추를 조금 내려 물 높이를 너무 높지 않게 조절하고, 레버를 눌러 물이 잘 내려가는지 확인한다.

 변기 레버가 고장났을 때

 변기 뚜껑을 열어 레버 고정 너트를 점검한다. 망가졌으면 부품을 사다 교체하고 너트가 풀려 있으면 시계 반대방향으로 조인다.

변기 부품 교체하기_투피스형

변기를 통째로 바꾸지 않고 부품만 바꿔도 새것이 된다. 고무패킹을 잘 확인하고 필밸브, 사이펀 등의 위치를 잘 조절해 교체한다. 변기 부품은 원피스형 변기와 투피스형 변기가 다르므로 구입할 때 주의한다.

난이도 ★★★★☆

도구
멍키 스패너(또는 워터펌프 플라이어)

재료
양변기 일반 레버 부품, 레버형 양변기 부품

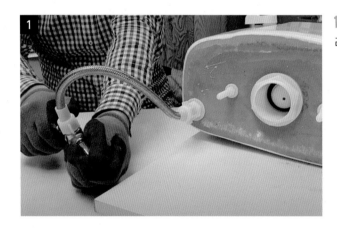

1 앵글밸브(수도관 밸브)를 잠그고 물을 내려 물탱크를 비운다.

2 수도관과 연결된 고압호스를 떼어내고, 너트를 멍키 스패너나 플라이어로 푼다.

3 다른 고정 너트도 모두 푼다.

4 레버의 너트는 시계 방향으로 돌려 푼다.

5 플라스틱으로 된 긴 고정 볼트 2개에 각각 고무패킹을 끼운다.

6 물탱크 안에 넣어 밑에서 너트로 고정한다.

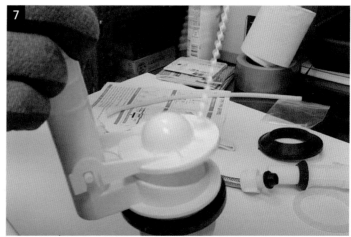

7 배수 역할을 하는 사이펀. 캡을 먼저 사이펀 관에 끼운다.

8 사이펀을 물탱크 바닥 가운데 구멍에 넣는다.

* 변기 앞에서 봤을 때 사이펀 관이 사진과 같은 위치(1시 방향)를 유지해야 한다.

9 물탱크 밑에서 너트를 끼운 뒤 플라이어로 조인다.

* 사이펀을 안에서 잡고 너트를 조여야 헛돌지 않는다. 고무패킹이 대져있으므로 너무 조이지 않는다.

10 필밸브에 호스를 끼운다.

11 필밸브를 물탱크 바닥 구멍에 넣고 밑에서 너트를 끼운다.

* 필밸브가 움직이지 않도록 한손으로 잡고 너트를 조인다.

12 필밸브의 추를 적당히 내리고 호스를 사이펀 관에 넣어 클립으로 고정한 뒤, 필밸브가 물탱크 벽이나 다른 부품과 닿지 않게 조절한다.

13 레버를 구멍에 끼우고 너트를 시계 반대방향으로 돌려 고정한다.

* 레버는 일반형 외에 옆면 내림, 옆면 버튼 등 다양하므로 기존의 것을 반드시 확인한다.

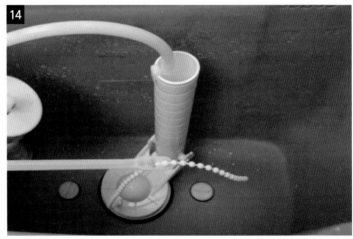

14 사이펀 캡에 연결된 줄을 레버에 연결한다. 물을 내릴 때 너무 길거나 짧지 않도록 조절해 고정한다.

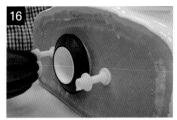

15 물샘 방지 패킹을 가운데 너트에 끼운다.

16 물탱크를 본체 위에 앉히고 길쭉한 볼트 2개를 밑에서 끼워 조인다.

17 고압호스를 필밸브와 수도관에 각각 연결한다. 반드시 호스 끝에 고무패킹이 있는지 확인하고, 필밸브가 같이 돌아가지 않도록 꽉 잡고 조인다. 앵글밸브를 열어 물을 채운 뒤 새는 데가 없는지 확인하고 물을 내려본다.

+plus   **변기에서 물 새는 소리가 날 때** ─────────────

변기에서 물 새는 소리가 난다면 레버와 사이펀 캡을 연결하는 줄이 너무 짧거나 필밸브에 문제가 생긴 것이다. 물탱크를 열어 점검한다.

물 내릴 때 물이 충분히 나오지 않는다면 캡과 연결된 줄이 너무 긴 것이고, 반대로 줄이 짧으면 물 새는 소리가 난다. 줄을 빼서 적당한 길이로 조절해 다시 끼운다.

필밸브의 추는 수위를 조절하는 역할을 하는데, 너무 높으면 물이 넘칠 수 있으므로 적당히 내린다. 필밸브가 물탱크 벽이나 다른 부품에 닿으면 물 위로 잘 뜨지 않아 물이 차지 않고 소리도 날 수 있다. 방해받지 않도록 움직여주고, 잘 안 되면 물탱크 밑에 있는 너트를 움직여 위치를 조절한다.

비데 설치하기

요즘은 비데를 사용하는 집이 많다. 설치 방법이 어렵지 않아 전문가를 부르지 않아도 누구나 혼자서 할 수 있다. 설치 방법은 어떤 회사의 제품이든 비슷하며, 브래킷 설치와 노즐 연결이 포인트다.

난이도 ★★☆☆☆

도구
전동 드릴

재료
비데

1 변기 커버를 떼어낸 뒤, 고무패킹을 변기 구멍에 끼운다.

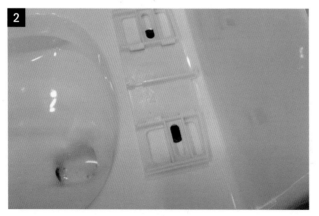

2 브래킷을 고무패킹 구멍에 맞춰놓는다.

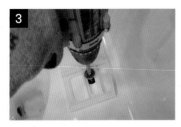

3 볼트를 끼워 조인다. 너무 꽉 조이지 말고 브래킷이 흔들리지 않을 정도로만 조인다.

4 브래킷의 홈에 맞춰 비데를 놓고 '찰칵' 소리가 날 때까지 밀어 끼운다.

5 앵글밸브를 잠근 뒤 너트를 풀어 연결된 호스를 빼낸다.

6 호스를 빼낸 자리에 비데용 T밸브를 연결한다.

7 T밸브에 호스를 다시 연결한다.

tip 해체할 때는 버튼으로 손쉽게

비데를 바꾸거나 청소하기 위해 해체할 때는 옆면의 버튼을 눌러 앞쪽으로 당기면 된다.

8 남은 한 곳에는 비데조절대 호스를 연결한다.

9 앵글밸브를 열어 누수가 없는지 확인하고 전원을 꽂아 테스트해본다.

환풍기로 냄새가 들어올 때

공동주택은 욕실 환풍기로 담배 냄새 등의 악취가 들어오기도 한다. 환풍기에 댐버를 달면 문제가 해결된다. 환풍기를 켜면 댐퍼가 열려 냄새가 배출되고, 끄면 닫혀 외부의 냄새가 차단된다. 환풍기의 힘이 약하면 댐퍼 날개가 잘 안 열리므로 되도록 성능이 좋은 제품으로 교체한다.

난이도 ★★☆☆☆

도구
전동 드릴,
송곳(또는 가위)

재료
환풍기, 환풍기 댐퍼,
나사못, 절연 테이프

1 환풍기 커버 옆면의 홈에 송곳이나 가위를 넣어 커버를 떼어낸다.

2 나사못을 모두 뺀다.

3 주름진 환풍기 배관을 꺼내 한 손으로 잡고 다른 손으로 환풍기를 잡아 비틀면서 뺀다.

4 천장 속에 있는 전원 플러그를 뽑아 환풍기를 떼어낸다.

* 환풍기 상태가 양호하면 플러그를 뽑지 말고 먼지를 청소한 뒤 바로 댐퍼를 끼워도 된다.

5 새 환풍기 뒷면에 댐퍼를 끼우고 공기가 새지 않도록 이음새에 절연 테이프를 감는다.

6 환풍기의 플러그를 꽂아 시험 가동해본다. 사진처럼 댐퍼가 열리면 정상이다.

7 배관에 있는 타이를 조이고 이음새에 절연 테이프를 두른다.

8 환풍구에 배관을 밀어 넣고 나사못을 박은 뒤 커버를 덮는다.

욕조 실리콘에 곰팡이가 생겼을 때

욕조의 실리콘이 오래 되면 곰팡이가 생기고 갈라져서 물이 샐 수도 있다. 전문가에게 맡기면 적지 않은 비용이 들지만, 초보자도 할 수 있는 방법이 있다. 스크래퍼 모양의 실리콘 노즐을 이용하면 시간도 단축되고 훨씬 매끄럽게 작업할 수 있다.

난이도 ★★☆☆☆

도구
커터, 실리콘 건,
15mm 실리콘 노즐 스크래퍼

재료
곰팡이 방지용 바이오 실리콘

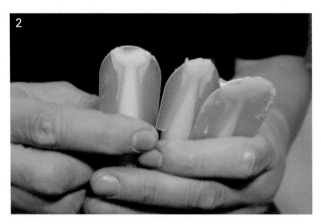

1 커터를 실리콘과 바닥 사이로 깊숙이 찔러 넣고 쭉 그어 자른 뒤, 다시 벽면을 따라 한 번 더 그어 도려낸다.

2 보통 실리콘에 일반 노즐을 끼우고 쏜 뒤 전용 스크래퍼로 다듬는데, 실리콘 노즐 스크래퍼를 사용하면 단번에 작업할 수 있어 편하다.

* 스크래퍼의 폭은 10mm, 15mm, 20mm 등이 있다. 욕조의 실리콘 시공은 15mm가 적당하다.

3 실리콘을 실리콘 건에 끼우고 노즐 스크래퍼를 끼워 단숨에 선을 긋듯이 실리콘을 쏜다. 스크래퍼가 실리콘을 매끈하게 다듬는 역할을 한다.

4 실리콘을 다 바른 뒤, 노즐 스크래퍼를 뽑아 깨끗이 씻어 실리콘을 반대 방향으로 한 번 더 쓸어주면 더 매끈하게 된다.

5 주변에 묻은 실리콘은 바로 칼로 긁어낸다.

6 줄 옆으로 삐져나온 실리콘은 완전히 마른 뒤 커터로 잘라낸다.

변기 아래 시멘트가 갈라졌을 때

변기와 바닥의 이음새에 발라놓은 시멘트는 시간이 지날수록 곰팡이가 생기거나 갈라진다. 초보자가 시공하려면 시멘트를 깨다가 변기를 건드리기 쉽다. 이럴 때는 기존의 시멘트 위에 덧칠하는 방법을 권한다.

난이도 ★★☆☆☆

도구
커터, 스펀지, 고무장갑

재료
줄눈용 시멘트(홈멘트), 미장증강제(메도칠), 물

1 고무장갑을 끼고 줄눈용 시멘트를 튼튼한 비닐봉지에 넣는다.

* 줄눈용 시멘트는 일반 백시멘트보다 갈라짐이 덜하다. 소량만 살 수 있어 집에서 작업하기 좋다.

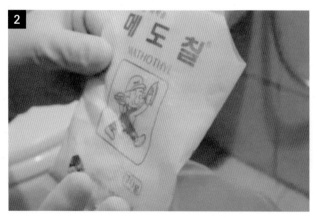

2 미장증강제를 1작은술 정도 섞어 점성을 더한다.

* 줄눈용 시멘트도 갈라짐이 전혀 없는 건 아니어서 갈라짐을 방지하기 위해 미장증강제를 조금 섞으면 좋다.

3 물을 조금 넣고 주물러 반죽한 뒤, 점도를 확인해보고 필요하면 더 넣는다.

4 비닐봉지째 주물러 반죽한다. 중간 중간 열어보아 상태를 확인하고 물이나 시멘트를 더 넣어 찰흙보다 조금 부드러운 상태로 만든다.

5 비닐봉지의 입구를 바짝 조여 반죽을 모서리로 모은 뒤, 커터로 끝을 1~2cm 잘라 짤주머니 모양을 만든다.

6 변기 하부에 반죽을 짜서 돌려 바른다. 모양을 다듬을 것이라 편하게 발라도 괜찮다.

7 스펀지로 돌려 닦으면서 매끄럽게 다듬고, 물에 적셔 꼭 짠 스펀지로 한 번 더 문지른다.

* 시멘트가 묻은 스펀지를 세면대에서 빨면 배수구가 막힐 수 있다. 물을 따로 받아 세척한 다음 변기에 버린다.

타일 줄눈이 더러워졌을 때

욕실 타일이 오래되면 줄눈이 더러워지고 군데군데 깨지기도 한다. 재시공하려면 비용이 만만치 않은데 직접 해보면 별로 어렵지 않다. 다만, 더러운 줄눈을 제거하는 데 시간이 많이 드니 욕실 전체를 하려면 하루 정도 잡아야 한다.

난이도 ★★★★☆

도구
타일 줄눈 제거기,
실리콘용 스크래퍼,
반죽용 그릇, 스펀지,
실리콘 건

재료
백시멘트, 물

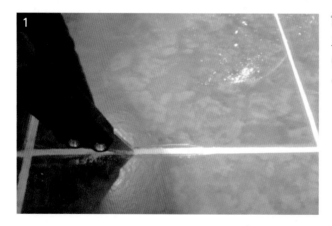

1 타일 줄눈 제거기를 줄눈에 대고 두 손으로 힘 있게 밀고 당겨 더러운 줄눈을 긁어낸다.

* 칼날로 타일을 긁지 않도록 주의한다.

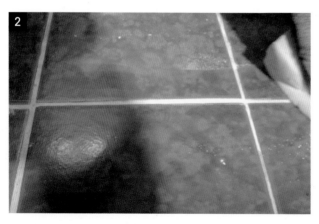

2 중간 중간 스펀지로 가루를 치우면서 3~4mm 정도 깊이로 파일 때까지 긁어낸다.

3 반죽할 그릇에 백시멘트를 붓고 물을 조금씩 부어가며 고루 섞는다. 비율은 2:1 정도가 적당하며, 찰흙보다 조금 부드러운 정도면 된다.

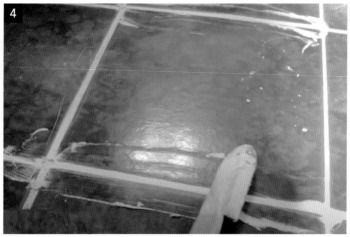

4 스크래퍼로 백시멘트 반죽을 적당량 퍼서 타일 틈새를 메운다.

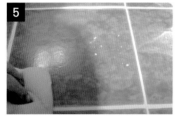

5 백시멘트가 마르기 전에 스펀지로 주변을 닦는다.

6 덜 메워진 부분이 있으면 스크래퍼로 백시멘트를 보충하고 스펀지로 닦는다.

* 백시멘트가 완전히 마를 때까지 밟지 않도록 조심하고, 하루 정도는 물이 닿지 않게 한다.

+plus　욕실 바닥 배수구 청소 요령 ────────────

욕실 바닥에 물이 잘 안 내려갈 때 배수구 트랩을 청소하면 쉽게 해결된다. 가장 중요한 건 막히기 전에 미리미리 청소하는 것이다. 뚜껑 밑의 봉수에 머리카락 등의 이물질이 많이 끼어 있으면 물이 시원하게 내려가지 않는다.

간혹 봉수가 안 빠지는 경우가 있는데, 뚜껑을 세워 봉수에 끼워 돌리면 쉽게 꺼낼 수 있다. 안에 있는 이물질을 제거하고 깨끗이 닦으면 악취 예방에도 효과가 있다.

깨진 타일 교체하기

욕실 벽은 타일이 깨지는 경우가 많다. 보기에 안 좋을 뿐 아니라 청소하다가 손을 다칠 우려도 있어 교체하는 것이 좋다. 같은 크기의 타일을 사서 백시멘트로 붙이면 깔끔하다. 타일 자르기도 어렵지 않아 혼자서도 충분히 할 수 있다.

난이도 ★★★★☆

도구
커터, 망치(장도리), 드라이버, 스펀지, 줄자, 박스 테이프, 비닐봉지, 실리콘 건

재료
타일, 백시멘트, 물, 실리콘,

1 깨진 타일의 크기를 재서 타일 가게에서 재단해 구입한다. 한두 장 여유 있게 사는 게 좋다.

2 깨진 타일 주변의 실리콘을 커터로 잘라내고 줄눈도 최대한 긁어낸다.

3 주변 타일이 깨지지 않게 박스 테이프를 겹쳐 붙인 뒤 깨진 타일 외곽선을 따라 칼집을 낸다.

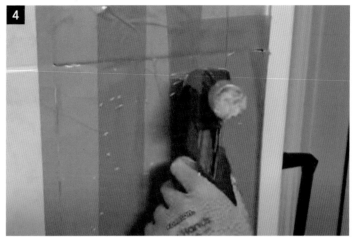

4 망치의 뾰족한 부분으로 깨진 타일을 자근자근 두들겨 잘게 부순다.
* 시간이 좀 오래 걸리더라도 조금씩 부수는 것이 좋다.

5 가운데는 보통 빈틈이 없으므로 가장자리를 두들겨 '통통' 빈 소리가 나는 취약 부분을 찾아 망치의 뭉툭한 부분으로 힘 있게 부순다.

6 잘 떨어지지 않는 부분은 드라이버를 대고 망치로 쳐서 부수면 쉽다.

7 타일을 다 떼어내고 테이프를 벗긴 뒤 가장자리 줄눈을 커터나 드라이버로 깔끔하게 없앤다.

8 새 타일이 잘 들어가는지 대본다. 거친 절단면이 실리콘을 덧댈 부분(사진에서 오른쪽)으로 오게 하는 게 요령이다.

9 단차가 생긴 곳은 드라이버와 망치로 평평하게 다듬는다.

10 백시멘트를 준비한다.
* 우레탄 실리콘을 쓰면 접착력이 더 좋지만, 백시멘트가 가격 면에서 경제적이다.

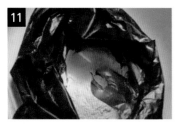

11 튼튼한 비닐봉지에 백시멘트와 물을 넣고 한참 주물러 찰흙보다 묽은 정도로 부드럽게 반죽한다.

12 비닐봉지를 뒤집어 벽에 백시멘트를 골고루 펴 바른다.

13 백시멘트가 채워지지 않은 곳은 깨진 타일 조각으로 꼼꼼하게 채워 넣는다.

14 타일을 끼우고 주먹으로 살살 두들긴 뒤 좌우로 움직이며 밀어 넣어 단차 없이 붙인다.

15 남은 백시멘트로 줄눈을 채우고 손끝으로 매끈하게 문지른다.

16 휴지나 물 묻힌 스펀지로 주변을 닦는다. 백시멘트가 완전히 마르면 모서리 부분에 실리콘을 바른다(p.30 참고).

+plus 1 도구 없이 타일 자르기 ─────────────────────

 타일은 필요한 크기로 재단해 구입하면 편하지만, 철필이나 송곳을 이용해 집에서도 간단히 자를 수 있다. 힘주지 않고 지그시 부러뜨리는 게 포인트다.

❶ 유성 펜으로 선을 그린 뒤 철필이 나 유리칼 또는 송곳으로 선을 따라 긋는다. 시작과 끝 지점을 특히 힘 있 게 눌러 긋는다.

❷ 타일 1장을 깔고 절개선에 맞춰 타 일을 올려놓는다. 세탁소에서 주는 철 사 옷걸이를 절단선 밑에 놓아도 된다.

❸ 한 발로 타일을 밟아 단단히 지지 한 뒤, 다른 발로 잘라낼 부분을 지그 시 밟아 부러뜨린다.

 +plus 2 더 쉽게, 깨진 타일 덧방하기 ─────────────────

타일이 깨지면 떼어내고 새로 붙이는 게 정석이지만, 모서리의 경우 아주 간단하게 덧붙이는 방법도 있다. 세탁실이나 베란다, 창고 등 미관상 크게 문제가 없다면 한번 시도해볼 만하다.

❶ 타일을 깨끗이 닦아 이물질을 없앤 뒤, 양면테이프를 일자로 붙이고 실리 콘을 조금씩 바른다.

❷ 깨진 타일을 가릴 수 있는 크기의 타 일을 덧붙인다.

❸ 덧붙인 타일 사방에 실리콘을 두 른다.

욕실 문 보수하기

욕실 문은 아랫부분에 물이 튀어 썩거나 들뜨기 쉽다. 문짝을 통째로 교체하려면 비용이 많이 들고, 제대로 보수하려면 작업 과정이 만만치 않다. 대형 문구점에서 파는 포맥스판으로 간단히 보수하는 방법을 소개한다.

난이도 ★★★☆☆

도구
커터, 100~150방 사포,
마른걸레

재료
포맥스판(PVC판의 일종),
양면테이프,
튜브형 실리콘

1 포맥스판을 세로는 보수할 부분보다 넉넉히, 가로는 문보다 1cm 정도 짧게 재단해서 구입한다. 재단한 포맥스판 뒷면에 양면테이프를 붙인다.

* 포맥스판은 아크릴판과 비슷하지만 더 저렴하다. 간판 가게나 아크릴 가게, 대형 문구점 등에서 살 수 있다.

2 욕실 문의 들뜬 부분을 커터로 잘라낸다. 거친 부분은 100~150방의 거친 사포로 고루 문지른 뒤 마른걸레로 닦는다.

3 포맥스판의 양면테이프 이형지를 벗기고 윗부분과 중간 부분에 실리콘을 바른다.

4 포맥스판을 문짝에 양옆을 약 0.5cm(실리콘 바를 자리)씩 남기고 꼭꼭 눌러 붙인다.

5 덧붙인 포맥스판과 문짝 사이의 틈으로 물이 들어가지 않게 실리콘을 바른다.

6 물 바른 손가락으로 실리콘을 쭉 밀 듯이 문질러서 매끄럽게 만든다.

7 옆면도 같은 방법으로 실리콘을 빈틈없이 바른다.

8 문을 열어보아 경첩 부분이나 문턱에 걸리는 데가 없는지 확인한다.

욕실 문 교체하기

욕실 문은 물이 자주 닿아 다른 방문보다 빨리 망가진다. 문짝을 교체하는 일은 어렵게 느껴지지만, 크기를 정확히 재고 손잡이 위치만 잘 잡으면 혼자서도 바꿔 달 수 있다. 경첩을 떼고 다는 순서를 지켜야 무거운 문짝을 다루기 쉽다.

난이도 ★★★★★

도구
전동 드릴, 줄자

재료
문짝, 이지 경첩, 나사못

1-1

1-2

1 문의 크기를 정확히 잰다. 가로 길이는 위, 중간, 아래 3곳을, 세로 길이는 왼쪽, 오른쪽 양쪽을 잰다. 그중 가장 짧은 길이는 주문 제작한다.

2 손잡이를 달 타공 위치를 잡는
다. 아래에서 문틀 캐치(문을 닫을
때 걸리는 부분)의 구멍 정가운데
까지 잰 뒤 5mm를 뺀다.

* 5mm를 빼야 문이 문틀에서 살짝
들려 여닫기 쉽다. 구멍이 2개일 때는
위의 구멍을 기준으로 한다.

3 문틀을 그대로 사용할 경우, 문
짝의 시트를 조금 잘라 가서 최대
한 비슷한 색의 문짝을 고른다.

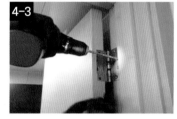

4 경첩을 가운데, 아래, 위의 순서로 해체한다.

* 문을 건드리지 않고 조심스럽게 나사못을 풀면 경첩이 홈에 끼워져 있어 문짝을 떨어뜨리지 않고 작업할 수 있다. 문짝 밑
에 종이나 나무 등을 받쳐 놓으면 더 안전하다.

5 방문용 이지 경첩을 문틀 홈에
끼워 넣는다.

* 홈이 작을 때는 일자 드라이버를 대
고 망치로 두들겨 더 파낸다.

6 나사못을 박아 경첩을 단다.

7 새 문짝 밑에 받침대를 대고 경
첩 옆에 바짝 붙여 세운다.

8 맨 위 경첩 날개 홈에 맞춰 문짝을 바짝 댄 뒤, 나사못을 아래 구멍에 1개만 박는다.

* 경첩에 나사못을 박을 때는 구멍 정 가운데에 정확히 박아야 한다. 가장자리에 박으면 경첩이 밀려나면서 틀어진다.

9 맨 아래 경첩에 나사못 1개를 박는다.

10 문을 여닫아 확인한 뒤 나머지 나사못을 마저 박는다.

11 손잡이를 달아 완성한다(p.42 참고).

욕실 문이 잘 안 닫힌다면

욕실 문이 문틀에 닿아 뻑뻑하고 잘 안 닫힌다면 문틀이 물에 불어 높아졌기 때문이다. 중첩을 조절해 문을 들어 올린다.

❶ 맨 아래 경첩을 뗀다.

❷ 문짝 밑에 받침대를 댄다.

❸ 맨 위 경첩의 빈 구멍에 나사못을 최대한 아래로 박는다. 이때 완전히 박지 말고 반만 박아놓는 것이 요령이다.

❹ 기존에 박았던 나사못을 빼낸 뒤, 문짝을 들어 올리며 반만 박은 나사못을 마저 박는다. 이렇게 하면 나사못이 박히면서 문짝이 살짝 들린다.

❺ 맨 아래 경첩을 다시 박는다.
* 문이 많이 안 닫힐 경우에는 문과 문틀의 차이를 잰 뒤 문을 다시 떼어 그만큼 올려 단다.

PART 4 / 창문

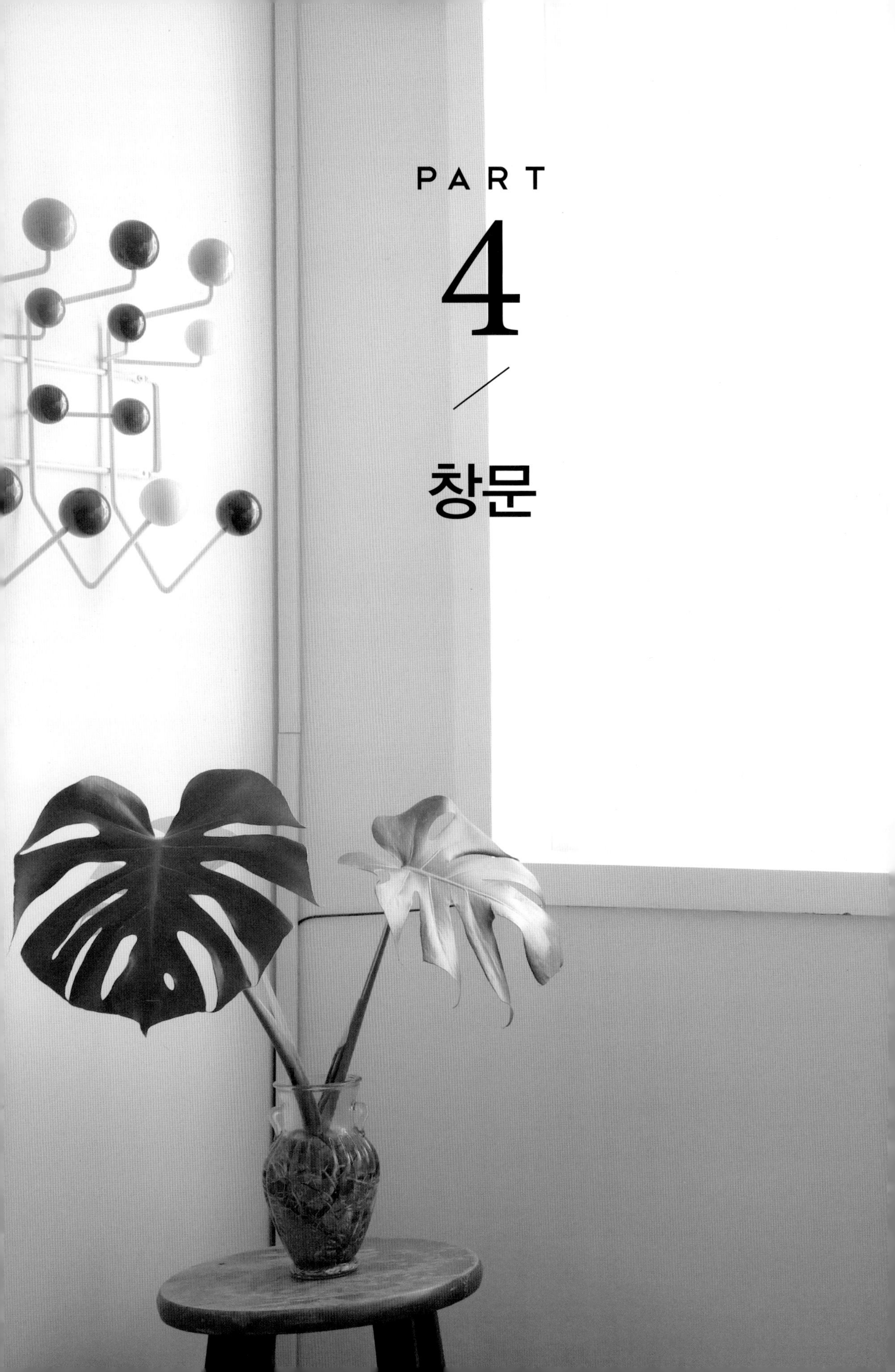

WINDOW

창문이 기울었을 때

새시창문이 기울어서 위나 아래에 틈새가 생기는 경우가 종종 있다. 이럴 때는 새시 밑면 양쪽에 있는 롤러의 바퀴 높낮이를 조절해 해결할 수 있다. 기울어진 쪽의 바퀴는 높이고, 반대쪽 바퀴는 낮춰 수평을 맞춘다.

난이도 ★★★☆☆

도구
십자 드라이버

1 새시창문이 기울어진 경우, 새시 밑면에 장착된 롤러의 균형을 맞춘다.

2 창문을 들어 올려 빼낸다.

3 창문을 옆으로 세우고 밑면을 보면 롤러 2개가 장착돼있다. 먼저 파손되지 않았는지 상태를 확인한다. 파손됐으면 교체해야 한다.

4 기울어진 쪽의 롤러는 옆면의 나사못을 드라이버로 조여 바퀴가 밖으로 튀어나오게 한다.

5 반대쪽의 롤러는 옆면의 나사못을 드라이버로 풀어 바퀴가 안으로 들어가게 한다.

6 창문을 뺄 때와 반대로 위를 먼저 창틀에 맞춘 뒤 아래를 밀어 넣어 끼운다. 그래도 틈이 생기면 바퀴 높이를 다시 조절한다.

+plus 창문을 뺄 수 없다면 ──────────

창문이 무겁거나 빼기 어려울 경우에는 빼지 말고 하단의 옆면 구멍으로 드라이버를 넣어 나사못을 풀거나 조여 롤러의 수평을 맞춰도 된다. 하지만 롤러가 망가져 아예 주저앉은 경우라면 창문을 빼서 교체해야 한다.

창문 롤러 수리하기

새시창문이 뻑뻑해서 잘 안 열릴 때 롤러를 확인해보면 바퀴가 마모되어 각이 져 있는 경우가 많다. 롤러를 수리하거나 새것으로 교체하면 간단하게 해결되지만 교체하지 않아도 전동 그라인더로 수리하는 방법이 있다.

난이도 ★★★★☆

도구
전동 드릴,
롱노즈 플라이어,
일자 드라이버,
십자 드라이버, 가위,
전동 그라인더,
작업용 장갑

1 창문을 들어 올려 빼낸 뒤, 옆으로 세우고 밑면 롤러의 나사못을 전동 드릴로 푼다.

2 롱노즈 플라이어를 창문 아래 틈새로 집어넣어 롤러를 끄집어낸다.

3 롤러의 알루미늄 케이스와 바퀴가 닿아 있는 경우도 많다. 일자 드라이버를 알루미늄 케이스와 바퀴 사이에 끼워 넣어 틈새를 벌린다.

4 바퀴가 잘 굴러가는지 확인하고, 틈새에 있던 이물질도 깨끗이 빼낸다.

5 십자 드라이버로 높낮이 조절 나사못을 풀어 바퀴가 롤러 밖으로 최대한 나오게 한다.

6 바퀴가 더 이상 나오지 않으면 알루미늄을 가위로 조금 잘라내거나 그라인더로 잘라 바퀴가 잘 드러나게 한다.

7 찌그러진 바퀴를 그라인더로 둥글게 간다.

* 그라인더를 사용할 때는 반드시 장갑을 끼고 날에 안전 캡을 씌운 뒤 몸 반대쪽으로 작업한다.

8 롤러의 바퀴가 잘 돌아가는지 시험해본다.

9 롤러를 원래 자리에 끼워 넣고 나사못을 조인다.

10 창문을 위부터 창틀에 끼운 뒤 아래를 밀어 넣어 끼운다.

방충망 롤러 교체하기

롤러를 교체하는 방법은 하이그로시 새시와 알루미늄 새시가 조금 다르다. 하이그로시 새시는 나사못을 풀어 롤러를 꺼내고 넣으면 된다. 알루미늄 새시는 원래 새시를 분해해야 롤러를 꺼낼 수 있지만, 아주 간단한 방법으로 교체할 수 있다.

난이도 ★★☆☆☆

도구
전동 드릴, 펜치

재료
하이그로시 새시용 롤러,
알루미늄 새시용 롤러

하이그로시 새시 롤러 교체하기

1 나사못을 풀어 기존의 롤러를 떼어낸다.

2 새 롤러를 그대로 끼워 넣고 나사못을 조인다.

알루미늄 새시 롤러 교체하기

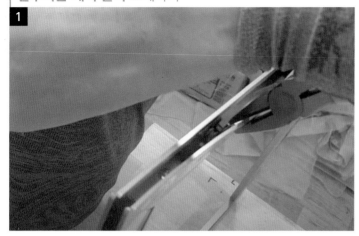

1 펜치로 새시의 틈새를 벌린다.

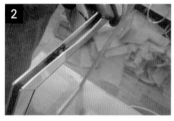

2 안쪽에 있는 롤러 2개의 나사못을 모두 푼다.

3 펜치나 가위 등으로 롤러를 꺼낸다.

4 새 롤러를 끼우고 나사못을 조인다.

5 양손으로 새시를 꽉 눌러 벌어진 틈새를 다시 조인다.

방충망 교체하기

방충망 교체는 적은 비용으로 누구나 쉽게 할 수 있지만, 방충망 틀과 레일의 단차가 안 맞으면 빼고 끼우는 것이 쉽지 않다. 특히 고층일 경우에 방충망을 떨어뜨리지 않도록 주의하고, 바람이 센 날은 피한다. 되도록 두 사람이 양쪽에서 잡고 작업하는 게 좋다.

난이도 ★★★☆☆

도구
전동 드릴, 가위,
오링고무 전용 밀대롤러

재료
20~25매시 알루미늄 망,
6.5mm 오링고무 개스킷
(O형 고무쫄대),
방충망 손잡이

1 방충망과 오링고무 개스킷, 전용 밀대롤러는 철물점이나 인터넷에서 세트로 구입한다.

2 방충망 틀을 떼어낸 뒤 나사못을 풀어 손잡이를 떼어낸다.

3 방충망 테두리에 끼워져있는 오링고무 개스킷의 끄트머리를 찾아 밀대롤러의 뾰족한 끝으로 끄집어내 잡아당긴다. 방충망도 걷어낸다.

4 알루미늄 망을 시공할 면보다 7~8mm 정도 여유를 두어 가위로 자른다.

5 한손으로 알루미늄 망이 움직이지 않게 누르고, 밀대롤러의 평평한 롤러를 천천히 굴려 알루미늄 망을 틀의 홈에 끼운다.

* 밀대롤러를 밀 때 너무 세게 왕복하면 망이 찢어질 수 있으니 주의한다.

6 코너는 7~8mm 여유를 남기고 사선으로 자른다.

7 한쪽 코너부터 밀대롤러의 홈이 있는 부분으로 오링고무를 끼워 넣는다.

* 오링고무를 살짝 당기면서 끼우면 더 잘 들어간다.

8 모서리는 오링고무를 꺾은 뒤 밀대롤러 끝으로 꾹꾹 눌러 집어넣는다.

9 시간이 지나면 오링고무가 줄어들기 때문에 10cm 정도 여유를 두어 겹쳐 넣고 자른다.

* 밀대롤러 끝으로 꾹 누른 뒤 잡아당기면 가위 없이도 손쉽게 오링고무를 자를 수 있다.

10 새 손잡이를 단다.

11 방충망을 밖으로 빼낸다.

12 창틀 위쪽 홈에 방충망을 끼운다.

13 방충망을 바짝 들어 올리면서 아랫부분을 안으로 넘겨온다.

14 방충망이 잘 넘어오지 않을 때는 아랫부분을 살짝 휘게 해 창틀에 끼운다. 먼저 왼손으로 손잡이쪽을 꽉 움켜잡는다.

15 왼손을 바깥으로 천천히 밀면서 오른손으로 방충망 아랫부분을 당겨 안으로 넘긴다.

16 방충망 한쪽이 안으로 넘어오면 바깥에서 탁탁 쳐서 최대한 안으로 넘긴다.

17 반대쪽 아랫부분도 같은 방법으로 안으로 넘겨 끼운다.

* 창문이 있으면 방충망을 탁탁 쳐서 반대쪽으로 보내고 창문을 옆으로 민 뒤 작업한다.

베란다 방충망 쉽게 빼고 끼우기

 단차만 잘 맞으면 방충망을 빼고 끼우는 것이 어렵지 않은데, 그렇지 않아서 골치인 경우가 많다. 전문가들의 해결 방법을 소개한다.

• 빼기

❶ 방충망 아랫부분을 발로 밀고 틀 중간을 잡은 뒤, 앞으로 당기면서 방충망이 바깥쪽으로 빠지게 한다.

* 활처럼 부드럽게 휘는 느낌으로 힘 조절을 해야 한다. 너무 세게 당기면 알루미늄 틀이 휠 수 있으니 주의한다.

❷ 방충망이 레일에서 어느 정도 빠지면 양손으로 방충망 중간을 잡고 발로 세게 밀어 밖으로 완전히 빼낸다.

❸ 방충망을 단단히 잡고 옆으로 틀어 안으로 들여온다.

• 끼우기

방충망을 옆으로 틀어 밖으로 빼낸 뒤 들어 올려 창틀에 끼운다. 아랫부분을 발로 살짝 밀고 방충망을 잡아당겨 아랫부분을 레일에 끼운다.

오링고무 없이 방충망 끼우기

방충망을 교체할 때 오링고무 끼우는 작업을 번거로워 하는 사람들을 위한 간편한 시공 방법이다. 알루미늄 망을 넉넉히 잘라 오링고무 없이 롤러로 문질러 틈새에 차곡차곡 접어 넣으면 된다. 나중에 오링고무가 빠질 염려도 없어 편하다.

난이도 ★★★★☆

도구
가위,
오링고무 전용 밀대롤러

재료
20~25매시 알루미늄 망

1 방충망 틀 위에 알루미늄 망을 올려놓고 6~7cm 여유를 두어 자른다.

2 코너는 사선으로 바짝 자른다.

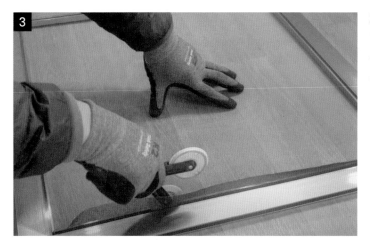

3 밀대롤러의 평평한 롤러를 천천히 굴려 망을 틀의 홈에 끼운다.

* 다른 손은 망 가운데를 눌러 망이 틀어지지 않게 한다.

4 롤러를 망 오른쪽에서 왼쪽으로 비스듬히 눕혀 두세 번 굴린다. 회전 방향이 바뀌면서 방충망이 틈새로 더 들어간다.

5 다시 망 왼쪽에서 오른쪽으로 롤러를 비스듬히 눕혀 두세 번 더 굴린다. 좌우 1회씩 왕복하면서 망이 다 들어갈 때까지 반복한다.

6 망이 다 들어가면 롤러를 똑바로 세워 두세 번 문지른다.

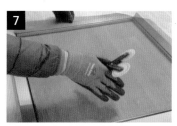

7 반대쪽으로 방충망을 부드럽게 잡아당겨 평평하게 한다. 너무 힘을 주지 않는다. 같은 방법으로 방충망을 모두 끼운다.

8 코너는 밀대롤러의 뾰족한 끝으로 꼭꼭 눌러 끼운다.

미세방충망 끼우기

미세방충망은 강도가 금속과 비슷하면서 간격이 더 촘촘해 초파리 같은 작은 벌레의 유입을 막을 수 있고 정전기를 발생시켜 황사, 꽃가루, 먼지 등을 차단하는 효과도 있다. 청소가 쉬운 것도 장점이다. 다만, 가격이 비싸고 제품에 따라 통기성이 덜할 수 있다.

난이도 ★★★★☆

도구
커터, 가위
오링고무 전용 밀대롤러,

재료
30매시 미세방충망,
6.5mm 오링고무 개스킷
(O형 고무쫄대),
순간접착제

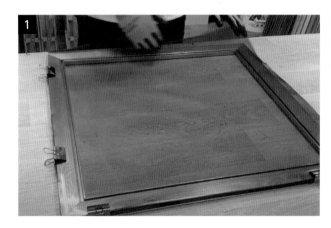

1 미세방충망을 시공할 면보다 넉넉하게 재단해 틀 위에 올려놓고, 사방을 팽팽하게 잡아당겨 집게로 고정한다.

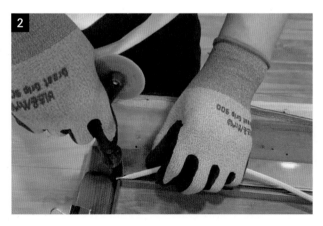

2 한쪽 코너에서 밀대롤러의 뾰족한 끝으로 오링고무를 눌러 틀의 홈에 집어넣는다.

3 밀대롤러의 홈이 파인 롤러로 오링고무를 끼운다. 이때 한손으로 망을 잡아당겨 팽팽하게 만든다.

4 코너를 돌 때는 처음 시작할 때처럼 롤러 끝으로 오링고무를 찔러넣어 꺾는다.

5 마무리는 여유분을 조금 남기고 오링고무를 잘라낸다.

6 망이 팽팽하게 끼워졌는지 확인하고, 느슨한 곳이 있으면 밖에서 망을 잡아당기면서 롤러를 굴려 오링고무를 더 깊숙이 집어넣는다.

7 커터를 오링고무와 틀 사이로 집어넣어 여분의 망을 잘라낸다. 이때 오링고무를 자르지 않도록 주의한다.

* 깔끔하게 마무리하려면 성능 좋은 커터를 사용하는 게 좋다.

8 코너에 순간접착제를 발라 단단히 고정한다. 군데군데 조금씩 발라도 좋다.

* 순간접착제를 너무 많이 바르면 교체할 때 어려울 수 있으니 주의한다.

모기장으로 방충망 설치하기

철물점에서 파는 모기장을 사다 방충창이 없는 창틀에 직접 설치하는 방식이다. 단돈 몇 천 원으로 쉽게 설치했다가 여름이 지나면 떼어내도 무방하다. 보기 좋게, 튼튼하게 설치하는 요령을 소개한다.

난이도 ★★★☆☆

도구
가위, 줄자, 마른걸레

재료
모기장 망, 모기장 쫄대,
튜브형 실리콘

1 모기장을 설치할 창문의 가로, 세로 길이를 잰다. 모기장 망과 모기장 쫄대는 철물점에서 산다.

2 모기장 망을 창문 크기보다 5cm 이상 여유 있게 자른다.

3 쫄대는 창틀에 대봐서 길이를 잰다.

4 쫄대를 창틀 길이에 딱 맞게 가위로 자른다. 끝부분은 2개가 직각으로 만나도록 사선으로 자른다.

5 마른걸레로 창틀을 깨끗이 닦은 뒤, 쫄대를 뚜껑을 벗기고 뒷면의 이형지를 벗겨 창틀에 붙인다.

6 사선으로 자른 끝부분을 잘 맞붙여 창틀 사방에 모두 붙인다.

7 쫄대의 뚜껑을 모기장과 겹쳐들고 창틀의 위부터 끼운다.

8 뚜껑을 밀어 끼우면서 모기장을 설치한다. 한손으로 모기장을 옆으로 조금씩 당기면서 해야 울지 않고 반듯하게 된다.

9 다 설치했으면 각 코너에 실리콘을 조금씩 발라 단단히 고정한다.

모헤어 교체하기_알루미늄 방충망

새시에 부착된 모헤어는 외풍과 소음, 해충을 막는 중요한 역할을 한다. 하지만 부식되면 기능이 떨어지는 것은 물론이고, 여닫을 때마다 유리섬유가 부서져 날려 건강에도 해롭다. 교체하는 것이 좋다. 알루미늄 새시창문의 모헤어도 같은 방법으로 교체한다.

난이도 ★★★☆☆

도구
롱노즈 플라이어, 가위, 마스크, 작업용 장갑

재료
알루미늄 새시용 비접착 모헤어

1 방충망 아랫부분을 꽉 잡고 들어 올린다.

2 방충망의 아랫부분이 레일에서 바깥쪽으로 빠지면 단단히 잡고 마저 빼서 안으로 들여온다.

3 방충망을 옆으로 세우고 코너 한쪽을 롱노즈 플라이어로 꽉 집 어 틈새를 만든다.

4 롱노즈 플라이어를 힘주어 잡 은 상태에서 틈새로 모헤어를 꺼 내어 쭉 잡아당긴다.
* 모헤어를 뺄 때 먼지가 많이 나므로 마스크와 장갑을 꼭 착용한다.

5 모헤어를 빼낸 위치에 새 모헤 어를 끼워 넣은 뒤 끝까지 쭉 민 다. 이때 롱노즈 플라이어로 잡고 있던 코너 부분은 손으로 살짝만 잡고 있어도 된다.

6 팽팽하게 잡아당겨 정돈한 뒤 여분의 모헤어를 자른다.

7 롱노즈 플라이어나 가위로 코 너의 휜 부분을 꽉 집어 원래대로 복귀시킨다.

모헤어 교체하기_하이그로시 새시

유리섬유로 만든 모헤어는 오래되면 부서지기 때문에 교체하는 것이 좋다. 무거운 하이그로시 새시의 경우, 떼어내지 않고 헤어 드라이어를 이용해 쉽게 교체할 수 있다. 모헤어를 뺄 때 먼지가 나므로 마스크를 쓰고 작업하는 것이 좋다.

난이도 ★★★★☆

도구
롱노즈 플라이어, 가위,
헤어 드라이어, 마스크,
작업용 장갑

재료
하이그로시 새시용 비접착
모헤어

방충망 모헤어 교체하기

1 창틀에서 방충망을 빼낸 뒤, 위쪽 모서리에 가위집을 내어 모헤어와 함께 용접한 부분을 조금 깨뜨린다.

* 모헤어에 가려진 옆면이라 앞에서는 티가 나지 않는다.

2 모헤어 뿌리 부분이 드러나면 롱노즈 플라이어나 가위 끝으로 꽉 잡는다.

3 그대로 쭉 잡아 빼면 모헤어가
빠져나온다.

4 새 모헤어를 방충망의 깨진 부
분부터 홈에 끼워 넣는다.

5 윗부분의 남은 홈에 끼워 넣을
만큼 남기고 모헤어를 자른다.

6 윗부분에 모헤어를 끼우고 롱노즈 플라이어로 잡아당겨 평평하게 다
듬는다.

1 하이그로시 새시는 대개 무겁기 때문에 새시 자체를 떼어내지 않고 모헤어만 빼낸다. 옆면에 헤어드라이어로 열을 가한 뒤 모헤어를 꺼내기 좋게 조금 벌린다.

2 롱노즈 플라이어나 가위 끝으로 모헤어를 끄집어낸 뒤 위로 쭉 당겨서 빼낸다.

* 열풍을 가하는 방법 외에 커터로 칼집을 쭉 넣어 꺼내는 방법이 있는데, 간편하긴 하지만 먼지가 많이 나는 단점이 있다.

3 새 모헤어를 같은 자리에 끼워 넣고 맨 아래까지 민 뒤, 적당한 길이로 잘라 윗부분도 끼운다.

4 모헤어와 새시 옆면 사이에 두꺼운 종이나 책받침 등으로 가림막을 끼우고 열을 가한 뒤, 적당히 부드러워지면 벌린 부분을 다시 아물린다.

* 모헤어에 열이 닿으면 금세 타버리므로 가림막을 대야 한다.

+ plus 모헤어 대신 윈도실링 끼우기 ─────────────────────────

모헤어는 오래 되면 삭거나 먼지가 날리는 단점이 있다. 이를 보완한 제품이 윈도실링이다. 하이그로시 새시에만 끼울 수 있으며, 인터넷으로 구입할 수 있다. 크기는 5.6mm, 6.1mm, 6.5mm 등 다양한데 미리 문의하거나 샘플을 요청하면 좋다.

❶ 하이그로시 새시를 떼어낸 뒤, 커터로 칼집을 넣어 모헤어를 분리하고 롱노즈 플라이어로 꽉 잡아 빼낸다.

❷ 모헤어를 빼낸 자리에 윈도실링을 끼운다. T자 모양이 거꾸로 되게 집어넣는다.

❸ 힘주어 밀면 끝부분이 둥근 철자로 T자의 양 날개가 홈으로 쏙 들어간다.

❹ 롤러가 있는 새시 밑면은 윈도실링을 끼운 뒤 롤러 부분을 가위로 자른다.

창문

깨진 유리창 교체하기

누름대가
있는 경우   누름대가
없는 경우

유리창에 금이 가거나 깨졌을 때 수리점에 의뢰하는 경우가 대부분인데, 동네에 유리 가게가 있다면 주문해서 직접 해볼 만하다. 창틀을 해체하고 조립하는 과정이 어렵지 않아 실리콘 작업만 할 줄 안다면 가능하다.

난이도 ★★★★☆

도구
전동 드릴, 커터, 망치,
일자 드라이버, 줄자,
실리콘 건, 작업용 장갑

재료
창문 유리, 반투명 실리콘

누름대가 있는 경우

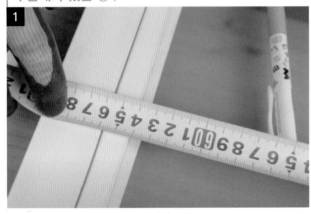
1

1 유리창의 크기를 잰다. 누름대를 포함해 틀과 틀 사이의 간격을 잰 뒤 양쪽에서 약 3mm 정도씩, 총 6mm를 뺀다. 여유 없이 딱 맞게 측정하면 유리가 안 들어갈 수 있다.

* 누름대와 누름대 사이의 간격을 재지 않도록 주의한다.

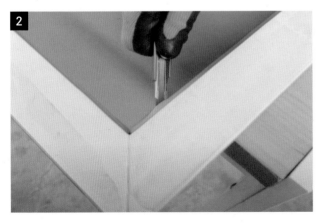
2

2 누름대 안쪽에 실리콘이나 개스킷이 있다. 커터로 깨끗이 도려낸다.

* 사진은 개스킷이 있는 경우다.

3 창문틀과 누름대 사이 틈이 넓은 곳을 찾아 일자 드라이버를 찔러 넣고, 망치로 바깥에서 안으로 살살 두들겨 해체한다. 나머지 누름대는 코너부터 드라이버로 들어내면 된다.

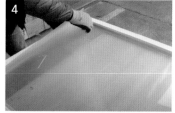

4 장갑을 끼고 깨진 유리를 조심스럽게 들어낸 뒤, 종류와 두께를 체크해 유리를 주문한다.

* 유리 가게에 깨진 유리 조각을 들고 가면 더 정확하게 주문할 수 있고 분리수거도 가능하다.

5 새 유리를 창문틀 위에 조심스럽게 올린다.

6 누름대를 창문틀 안쪽의 홈에 맞춰 끼운다. 잘 안 들어가면 고무망치로 살살 두들긴다.

7 마지막 누름대는 살짝 휘게 구부려서 끼운다.

8 누름대 안쪽에 실리콘을 바른다 (p.30 참고).

9 창문을 뒤집어 세운 뒤 앞면과 마찬가지로 창문틀과 유리 사이에 실리콘을 바른다. 실리콘이 완전히 마를 때까지 기다렸다가 창틀에 끼운다.

1 커터를 창문틀에 바짝 대고 쭉 그어 실리콘에 칼선을 넣는다.

2 커터를 유리에 바싹 대고 쭉 그어 실리콘을 완전히 떼어낸다.

3 창문을 뒤집어 같은 방법으로 실리콘을 제거한다.

* 창문을 뒤집기 전에 깨진 유리조각을 미리 뽑아낸다. 안 빠지는 것은 박스 테이프를 붙여 유리가 쏟아지지 않게 한다. 장갑은 필수다.

4 누름대가 없기 때문에 창문틀을 분해해야 한다. 나사못을 전동 드릴로 푼다.

* 창문틀마다 나사못이 다를 수 있으므로 종류를 확인한다.

5 창문틀의 한쪽만 분리해 유리를 빼낸다.

6 유리 크기를 잰다. 유리가 깨져서 재기 어려우면 틀과 틀 사이 간격을 잰 뒤 양쪽 틀 안으로 들어갈 유리 길이를 더한다.

* 유리의 실리콘 자국에서 끝까지의 길이가 창틀 안으로 들어가는 부분이다.

7 새로 맞춘 유리를 창문틀의 홈에 끼운 뒤 안으로 밀어 넣는다.

* 반투명이거나 무늬가 있는 유리의 경우, 매끈한 부분이 앞면, 거친 부분이 뒷면이다.

8 빼놓았던 창문틀을 끼운다.

9 나사못을 다시 박고 문짝을 세운 뒤, 앞뒤로 창문틀 안쪽에 실리콘을 바른다. 다 마르면 창틀에 끼운다.

+ plus 창문에 단열 에어캡 붙이기 ─────────────────────

겨울철, 창문에 단열 에어캡(뽁뽁이)을 붙이면 밖의 차가운 공기를 막는 효과가 크다. 에어캡을 붙일 때 평평한 면을 유리창에 붙이는 경우가 많은데 반대로 붙여야 더 따뜻하다. 볼록한 면을 유리창에 붙이면 공기층이 생겨 바깥의 찬 기운을 더 효과적으로 차단해준다.

❶ 에어캡을 창문 크기에 맞게 자른다.

❷ 분무기에 물을 담고 주방세제를 1~2방울 떨어뜨려 고루 섞은 뒤 유리창에 골고루 충분히 뿌린다. 세제에 점성이 있어 접착력이 높아진다.

❸ 에어캡의 볼록한 부분을 창문에 붙인다.

❹ 떼어내도 자국이 남지 않는 테이프로 테두리를 붙이면 더 좋다.

PART

5

전기 설비

ELECTRIC
INSTALLATION

스위치 교체하기

스위치 교체는 전선을 연결하는 게 포인트다. 전원을 연결하는 공통선과 각 스위치의 선, 스위치 사이를 잇는 점프선이 제 위치에 꽂혀 있어야 스위치가 제대로 작동한다. 반드시 낮에 누전차단기를 내리고 작업한다.

난이도 ★★☆☆☆

도구
전동 드릴(또는 드라이버),
절연 장갑

재료
스위치

1구 스위치 교체하기

1 누전차단기를 내린 뒤, 스위치 커버 밑면의 홈에 가위 끝이나 드라이버 등을 넣고 들어 올려 커버를 벗긴다.

2 스위치 버튼 캡을 떼어내고 위아래의 나사못을 푼다.

3 스위치 본체를 뺀다.

4 뒷면에 2가닥의 전선이 연결되어있다. 각각 옆에 있는 흰색 버튼을 뾰족한 물건으로 꾹 눌러 전선을 뺀다.

5 새 스위치 뒷면의 전선 구멍에 전선을 꽂는다. 피복을 벗긴 선이 안 보이게 쏙 집어넣어 물리는 느낌을 들 때까지 집어넣는다.

* 구멍이 4개인 경우 위아래는 상관없고 좌우로 각각 꽂으면 된다.

6 전선을 벽 속에 집어넣고 스위치를 끼운 뒤 위아래에 나사못을 박는다.

* 버튼 캡을 씌우고 나사못을 박아도 되지만, 못 구멍을 찾기가 쉽지 않다면 캡을 벗기는 것이 편하다.

7 커터로 주변 벽지를 정리한 뒤, 버튼 캡을 씌우고 커버를 덮는다.

2구 스위치 교체하기

1 누전차단기를 내린 뒤, 스위치 밑면의 홈에 뾰족한 물건을 넣고 들어 올려 커버를 벗긴다. 스위치 캡도 떼어낸다.

2 스위치 버튼 캡을 떼어내고 위아래의 나사못을 푼다.

3 스위치 본체를 빼면 뒷면에 3가닥의 전선이 연결되어있는데, 검은색 선이 공통선이고 바로 옆에 있는 선이 점프선이다.

4 점프선을 제외한 3가닥의 전선을 각각 옆의 흰색 버튼을 누르고 뺀다.

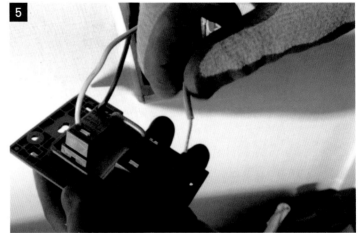

5 새 스위치의 뒷면을 보면 점프선이 꽂혀있다. 점프선 바로 옆에 공통선(검은색 선)을 꽂고, 나머지 선도 각각 꽂는다.

* 공통선을 반드시 점프선 옆에 꽂아야 한다. 나머지 선은 나머지 구멍에 아무데나 꽂아도 상관없다.

6 스위치 버튼을 눌러 보아 선이 제대로 연결되었는지 확인한다.

7 전선을 벽 속에 넣고 스위치를 끼운 뒤 위아래에 나사못을 박는다.

* 못 구멍이 잘 안 찾아질 경우 버튼 캡을 떼어내면 구멍이 잘 보인다. 나사못은 안에 있는 전선에 닿지 않게 끝이 뭉툭하고 짧은 것을 사용한다.

8 버튼 캡을 끼우고 스위치 커버를 씌운 뒤 꾹꾹 눌러 고정한다.

4구 스위치 교체하기

1 누전차단기를 내린 뒤, 스위치 밑면의 홈에 뾰족한 물건을 넣고 들어 올려 커버를 벗긴다.

2 버튼 캡을 떼어내고 위아래의 나사못을 푼다.

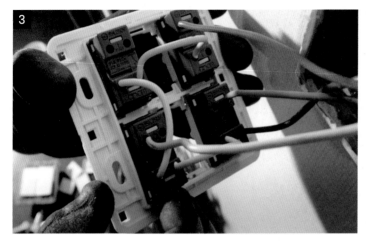

3 스위치 본체를 빼면 뒷면에 전선이 연결되어있는데, 사진을 찍어놓으면 나중에 연결할 때 헷갈리지 않는다. 그런 다음 각각 전선 옆의 흰색 버튼을 눌러 뺀다. 전선을 색깔이 보이게 잘라 그걸 보고 새 스위치에 연결하는 것도 좋다.

* 사진은 4구 스위치지만 3개 선만 연결해 사용하는 경우다. 검은색 선은 공통선이다. 3구 스위치와 4구 스위치의 교체 원리는 같다.

4 찍어놓은 사진이나 기존 스위치에 남아있는 전선 위치를 보고 그대로 전선을 꽂는다. 전선을 잘랐을 경우에는 끝부분의 피복을 벗겨내고 꽂는다.

5 스위치를 벽 속에 집어넣고 불을 켜보아 선이 제대로 연결되었는지 확인한 뒤, 위아래에 나사못을 박는다.

6 버튼 캡을 끼우고 스위치 커버를 덮는다.

+plus 전선이 섞였을 때 공통선 찾는 방법 ————————————

스위치를 교체할 때 전선에 표시를 해두지 않아 어떤 게 어떤 선인지 헷갈린다면 차단기를 올리고 1가닥씩 선끼리 대본다. 불이 들어오는 경우가 있고, 안 들어오는 경우가 있다. 어떤 선과 맞대도 불이 들어오는 선이 공통선으로, 공통선만 찾아 제 위치에 꽂으면 된다. 나머지 선은 위치가 바뀌어도 상관없다.

단, 전원이 들어와 있는 상태이기 때문에 함부로 시도하면 위험하다. 특히 전선이 여러 가닥일 경우, 이전에 전자식 스위치가 있었을 경우, 차단기에 연결돼 있는 2가지 색 전선이 모두 있는 경우에는 이 방법을 피한다. 이때는 전기 기술자들이 사용하는 테스터로 전선을 찾는다.

1구 스위치, 2구로 바꾸기

보통 거실 등은 전구가 나뉘어 있어 일부만 켤 수 있는데, 한꺼번에 다 켜진다면 천장에 전선이 2가닥밖에 없어 스위치가 하나인 경우다. 전선을 나눠 2구 스위치로 바꾸면 한꺼번에 또는 일부만 켜서 밝기를 조절할 수 있다.

난이도 ★★★★☆

도구
전동 드릴(또는 드라이버), 니퍼 또는 다목적 가위, 테스터, 절연 장갑

재료
2구 스위치, 전선(증설용), 절연 테이프

1 누전차단기를 내리고 스위치 밑면의 홈에 뾰족한 물건을 넣어 커버를 벗긴 뒤, 위아래의 나사못을 풀어 스위치를 꺼낸다.

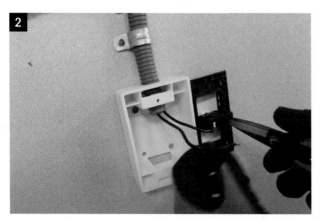

2 전선 2가닥을 모두 뺀다. 전선 옆에 있는 버튼을 꾹 누르면 전선이 빠진다.

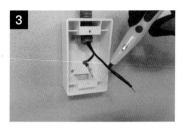

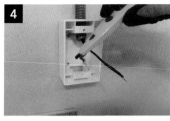

3 누전차단기를 올리고 테스터나 검전기를 2가닥의 전선에 대어본다. '삑삑' 소리가 나면서 불이 켜지는 쪽이 차단기 선이다.

4 소리가 나지 않는 선은 전등과 연결된 선이다. 다시 누전차단기를 내린다.

5 2구 스위치의 뒷면을 보면 점프선이 꽂혀있다. 만약 점프선이 없으면 사진처럼 전선을 연결해 꽉 눌러 꽂는다.

6 점프선 바로 옆에 차단기 선을 꽂는다.

7 차단기 선 옆에 전등 선을 꽂는다.

8 누전차단기를 올리고 불이 켜지는지 확인한다. 양쪽 모두 불이 들어와야 정상이다.

9 누전차단기를 다시 내리고 증설할 전선의 끝부분 피복을 벗겨 (p.33 참고) 전등 선 옆에 꽂는다.

10 증설한 전선(노란색 선)의 반대쪽은 끝부분 피복을 벗겨 전등의 커넥터 가운데에 꽂는다.

11 커넥터의 전선 반대편에 있는 안정기 선 한쪽을 뽑는다. 아무 쪽이나 상관없다.

12 3가닥으로 되어 있는 선을 모두 분리한다.

13 전구는 5개이고 안정기는 3개이므로, 나란히 설치된 안정기 2개는 각각 2개의 전구에 연결된 2등용이고, 따로 설치된 안정기 1개는 1개의 전구에 연결된 1등용이다.

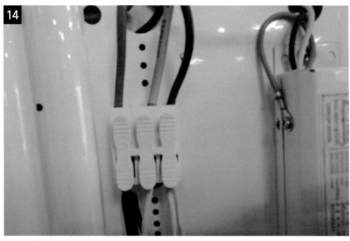

14 분리한 선 중 2등용 안정기 선 1가닥을 커넥터 가운데에 꽂는다. 나머지 2등용 선과 1등용 선은 다시 합쳐 다른 구멍에 꽂는다. 1등용 선과 2등용 선은 안정기에 적혀있어 쉽게 찾을 수 있다.

15 누전차단기를 올리고 스위치를 켜본다. 버튼 1개는 1개 등과 2개 등이 연결돼 있으므로 3개의 전구가 켜지고, 다른 1개는 2개의 전구가 켜진다.

16 버튼 2개를 다 누르면 5개 전구에 모두 불이 들어오는지도 확인한다. 스위치를 벽 속에 넣고 나사못으로 고정한 뒤 커버를 덮는다.

천장이나 벽 속의 전선은 CD관 안에 숨겨져 있다. 전선 하나를 증설하려면 천장에서 내려온 선 한 가닥에 2가닥의 선을 묶어 CD관 안으로 들여보낸 뒤 스위치 쪽으로 난 구멍으로 끌어 당기면 된다. 먼저 전선 2가닥을 준비한다.

❶ 기존의 전선(흰색)과 준비한 전선 1가닥(흰색)의 끝부분 피복을 벗긴 뒤, 서로 엇갈리게 엮어 풀리지 않도록 꺾는다. 다시 풀 것이므로 꼬지 않는다.

❷ 증설할 전선 1가닥(노란색)과 합쳐 절연 테이프로 단단히 감는다. CD관 안에서 연결 부위가 턱에 걸리거나 합친 선이 빠질 수 있으므로 잡아당기면서 단단히 넉넉하게 감는다.

❸ 기존의 다른 전선(빨간색)이 같이 들어가지 않도록 주의하면서 연결한 전선을 CD관 속으로 넣는다.

❹ 스위치 구멍에서 연결한 전선을 연결 부위가 나올 때까지 잡아당긴다. 이때 나머지 선(빨간색)을 잡아 따라 나오지 않도록 한다.

스위치에 손때방지 커버 달기

욕실이나 주방 스위치 주변은 기름기, 물기 등으로 벽지가 더러워진 경우가 많다. 손때방지용 아크릴 커버를 씌우면 오염을 막을 수 있다. 투명 외에 다양한 색깔이 있으므로 실내 분위기에 따라 고를 수 있다. 도배 후 바로 설치하면 좋다.

난이도 ★★★☆☆

도구
전동 드릴(또는 드라이버),
절연 장갑

재료
스위치용 손때방지 커버

1 누전차단기를 내린 뒤, 스위치 밑면의 홈에 뾰족한 물건을 넣고 들어 올려 커버를 벗긴다.

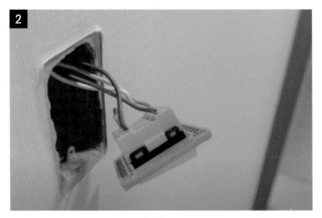

2 위아래의 나사못을 풀고 스위치 본체를 뺀다.

* 스위치 본체를 눕혀 손때 방지 커버에 통과시킬 수 있으면 그대로 끼우고, 안 되면 전선을 뽑아야 한다.

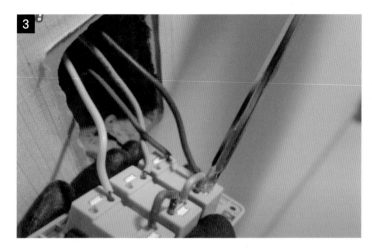

3 뒷면 전선 옆의 하얀 버튼을 눌러 전선을 뺀다. 먼저 스위치와 스위치를 잇는 점프선 옆에 연결된 공통선을 뺀 뒤 나머지 선을 모두 뺀다.

* 공통선은 위치를 기억해두었다가 반드시 그 자리에 꽂아야 한다. 나머지 선은 위치가 바뀌어도 상관없다.

4 스위치 뒷면에 아크릴 커버를 끼운 뒤 전선을 다시 제 자리에 꽂는다.

5 스위치를 벽 속에 집어넣은 뒤, 아크릴 커버가 비뚤어지지 않게 잡고 스위치 본체에 나사못을 살짝만 박는다.

* 나사못을 한 번에 세게 조이면 커버가 깨질 수 있으니 살살 조인다.

6 아크릴 커버의 위치를 다시 한 번 바로잡고 나사못을 조인다.

7 불이 잘 켜지는지 확인하고 스위치 커버를 씌운다.

콘센트 교체하기

스위치와 마찬가지로 전선만 잘 연결하면 어렵지 않게 교체할 수 있다. 집이 오래되어 콘센트 함이 요즘 콘센트와 맞지 않는 경우에는 콘센트 보조대가 필요하다. 새 콘센트를 구입할 때 보조대를 함께 구입한다. 반드시 누전차단기를 내리고 작업한다.

난이도 ★★☆☆☆

도구
전동 드릴(또는 드라이버),
니퍼 또는 다목적 가위,
절연 장갑

재료
콘센트

1

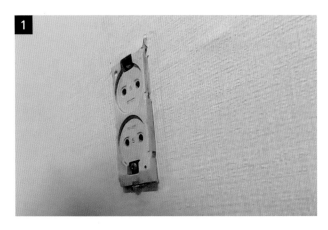

1 누전차단기를 내린 뒤, 콘센트 밑면의 홈에 뾰족한 물건을 넣고 들어 올려 커버를 벗긴다.

2

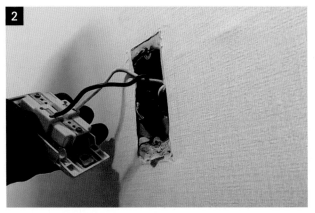

2 위아래의 나사못을 풀고 콘센트 본체를 뺀다.

3 뒷면 전선 옆의 하얀 버튼을 누르고 전선을 뺀다.

* 선이 잘 안 빠지면 자른다. 선을 잘랐을 경우에는 끝부분의 피복을 벗겨낸다.

4 새 콘센트가 벽 속의 콘센트 함에 잘 맞으면 그대로 끼워 넣고, 안 맞으면 콘센트 본체에 보조대를 끼운다.

* 오래된 집은 콘센트 함이 새 콘센트와 맞지 않을 수 있다. 이럴 때는 콘센트 보조대가 필요하다.

5 콘센트 뒷면에 전선을 각각 꽂는다. 접지선이 있는 경우 가운데가 접지선 구멍이다.

* 접지선 구멍이 없는 콘센트도 있는데, 이럴 때는 전선의 피복을 벗겨 가운데 나사못에 연결한다.

6 콘센트 본체와 커버 사이에 뾰족한 물건을 넣고 벌려 커버를 벗긴다.

7 콘센트를 벽에 집어넣고 위아래에 나사못을 박는다. 보조대가 있어 나사가 잘 안 들어가면 조금 더 긴 나사못을 사용한다.

* 너무 길거나 끝이 뾰족한 나사못은 전선을 건드릴 수 있으니 피한다.

8 콘센트 커버를 씌운다.

1구 콘센트, 2구로 바꾸기

세탁실이나 다용도실 등에 콘센트가 1구밖에 없어 불편한 경우가 있다. 1구 콘센트를 2구 콘센트로 바꾸면 간단히 해결된다. 다만, 에어컨 등 전력소모량이 많은 가전제품은 다른 제품을 동시에 사용하면 위험하므로 1구 콘센트를 사용하는 것이 좋다.

난이도 ★★☆☆☆

도구
전동 드릴(또는 드라이버),
니퍼 또는 다목적 가위,
절연 장갑

재료
2구 콘센트

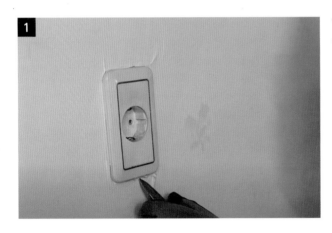

1 누전차단기를 내린 뒤, 밑면의 홈에 뾰족한 물건을 넣고 들어 올려 커버를 벗긴다.

2 위아래의 나사못을 풀고 콘센트 본체를 뺀다.

3 전선 옆의 하얀 버튼을 누르고 전선을 빼거나 자른다. 잘랐을 경우에는 끝부분의 피복을 벗겨낸다. 가운데 나사못에 감겨있는 초록색 선이 접지선이다.

* 낡은 콘센트는 전선 빼기가 쉽지 않아 자르는 게 편하다. 단, 누전차단기가 내려졌는지 다시 확인하고, 길이가 여유 있는지도 체크한다.

4 2구 콘센트의 뒷면에 2가닥의 전선을 각각 꽂는다. 어디에 꽂아도 상관없다.

5 접지선도 접지 구멍에 꽂는다.

* 접지선은 감전 사고를 막기 위해 외부 땅에 매복한 선으로, 대개 녹색 피복으로 싸여있고 콘센트 구멍 옆 버튼도 녹색으로 표시돼있다. 접지선이 있으면 꼭 연결한다.

6 콘센트를 전선이 꺾이지 않게 조심해서 벽에 집어넣고 위아래에 나사못을 박는다.

7 콘센트 커버를 씌운다.

전기

LED 등이 안 들어올 때

LED 등   LED 패널

거실이나 방의 LED 등이 고장 나서 등을 교체해야 할 때 전문가의 도움 없이 직접 바꿔 달 수 있다. 비용을 절약하고 싶다면 불이 들어오는 부분인 패널만 바꿔도 된다. 반드시 누전차단기를 내린 뒤 절연 장갑을 끼고 작업한다.

난이도 ★★★☆☆

도구
전동 드릴, 니퍼 또는 다목적 가위, 절연 장갑

재료
LED 등 또는 LED 패널, 절연 테이프

LED 등 교체하기

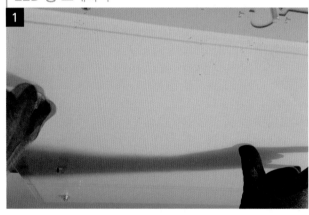

1 누전차단기를 내리고 너트를 풀어 유리 커버를 뗀다. 반드시 한손으로 받치고 풀어야 안전하다.

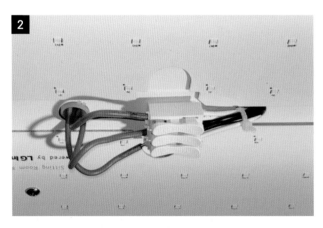

2 커넥터에 3가닥의 전선이 꽂혀있는데, 보통 가운데 선이 전원과 연결된 공통선이다.

* 공통선은 전원 선으로 구분해야 한다. 대부분 전선의 색이 달라 구분할 수 있는데, 그렇지 않은 경우 표시를 해둔다. 나머지 2개의 선은 위치가 바뀌어도 상관없다.

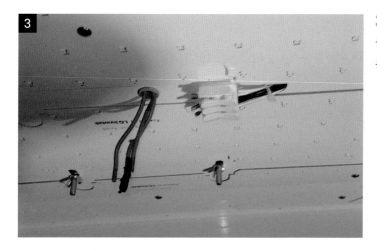

3 공통선을 자른 뒤 절연 테이프를 감아 표시하고 나머지 선도 자른다.

4 본체를 지지하는 너트를 풀어 본체를 뗀다.

5 본체를 떼고 천장에 브래킷만 남은 상태. 새 LED 등과 맞지 않을 때는 브래킷도 교체해야 한다 (p.206 참고).

6 본체의 가운데 구멍으로 3개의 전선을 빼내고 사방 4개의 구멍에 볼트를 끼운다. 볼트가 잘 안 들어가면 살짝 벌리거나 오므려 구멍에 맞춘다.

7 볼트에 나비너트를 조인다. 안전을 위해 한손으로 받치고 X자 순서로 조인다.

8 먼저 공통선을 피복을 벗겨 커넥터의 가운데 구멍에 끼운다.

9 나머지 선도 길이를 정리한 뒤, 피복을 벗겨 커넥터에 끼운다. 어느 쪽에 끼워도 상관없다.

10 누전차단기를 올리고 조명이 잘 켜지는지 확인한다.

11 유리 커버를 대고 너트를 조여 고정한다.

+ plus 브래킷 교체하기

❶ 형광등을 LED 등으로 바꾸거나 기종이 다른 새 LED 등을 설치할 때는 먼저 본체를 잡아주는 브래킷을 설치해야 한다. 전선이 나온 구멍에 손을 넣어 천장목(상)의 위치를 찾아 표시한다.
* 대개 천장목이 지나가는 자리에 조명 공사를 하므로 전선 가까이에 있다.

❷ 천장목이 지나가는 자리에 브래킷의 중심을 맞춘 뒤 나사못을 박는다.

❸ 사방에도 마저 나사못을 박는다. 천장은 대개 석고보드로 돼있어 일자로 박지 말고 바깥쪽으로 사선으로 박으면 더 튼튼하게 고정된다.

❹ 나사못을 사선으로 박으면서 브래킷의 가운데 부분이 오목하게 들어가 볼트가 살짝 안쪽을 향할 수 있다. 이럴 때는 볼트를 벌려 조정한다.

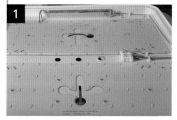

1 누전차단기를 내리고 뚜껑을 열어보면 LED 패널에 불이 나간 걸 확인할 수 있다.

2 유리 커버를 벗기고 나사못을 풀어 전등을 떼어낸 뒤, 커넥터를 제외한 모든 것을 떼어낸다.

* 예전 패널은 나사못으로 고정되어 있다. 다 빼고 안정기와 전선까지 모두 정리한다.

3 새 패널을 알맞게 배치해보고 고정한다.

* 요즘 패널은 볼트와 너트 모양의 자석으로 고정한다. 볼트 모양의 자석을 밑에서 위로 끼우고, 위에서 너트를 조인다.

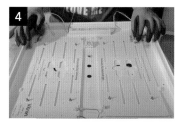

4 패널을 배치했던 위치에 붙인다.

* 고정 자석이 구멍마다 끼우기에 모자라면 네 귀퉁이만 고정한다.

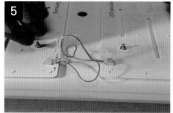

5 한쪽 패널에 붙어있는 점프선을 반대쪽 패널에 끼워 연결해야 불이 양쪽에 같이 들어온다.

* 길게 늘어진 선은 케이블 타이로 정리하면 깔끔하다.

6 안정기도 자석으로 붙인다. 자석이 없으면 양끝에 구멍을 뚫어 직결 나사못으로 박는다. 조금 짧은 나사못을 사용한다.

* 직결 나사못은 드릴을 사용하지 않고 박을 수 있는 나사못. 끝이 드릴 비트 모양으로 되어있어 자재를 뚫기 쉽다.

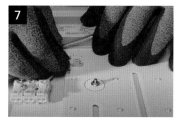

7 안정기의 한쪽 전선을 LED 패널에 '딸깍' 소리가 날 때까지 넣어 끼운다.

* 어느 쪽 전선이든 상관없다.

8 반대쪽 전선 2가닥을 커넥터 양쪽에 하나씩 꽂는다. 잘 안 들어가면 송곳으로 옆의 버튼을 꾹 누르고 집어넣은 뒤 케이블 타이로 선을 정리한다.

tip 패널 교체는 같은 회사 제품으로 전기 가게나 철물점에서 사각 등이면 사각 패널을, 원형 등이면 원형 패널을 구입한다. 다른 회사 제품이면 브래킷 위치가 안 맞을 수 있으니 같은 회사 제품을 산다.

주방 형광등, LED 등으로 바꾸기

LED 등은 형광등에 비해 가격이 비싸지만 수명이 길고 적은 전력량으로 더 밝게 비추기 때문에 장기적으로는 더 이익이다. 전기 관련 작업은 스위치만 끄고 하면 절대 안 된다. 반드시 누전차단기를 내린 뒤 절연 장갑을 끼고 작업한다.

난이도 ★★☆☆☆

도구
전동 드릴, 니퍼 또는
다목적 가위, 펜, 절연 장갑

재료
주방용 LED 등,
32mm 목공용 나사못

1 누전차단기를 내린 뒤, 형광등을 빼고 나사못을 풀어 등을 떼어낸다. 연결된 2가닥의 전선을 자르고, 천장에 연결돼있는 브래킷도 나사못을 풀어 떼어낸다.

2 새 등의 잠금쇠를 열고 브래킷이 고정된 나사못을 풀어 해체한다.

3 천장은 주로 합판이나 석고보드로 되어있다. 나사선이 넓은 32mm 목공용 나사못을 준비한다.

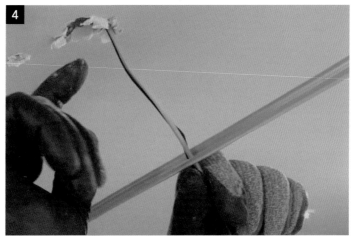

4 천장에서 나온 전선을 브래킷 가운데 구멍에 끼우고, 천장으로 손을 넣어 천장목(상)의 위치를 찾아 펜으로 표시해둔다.

5 천장목이 지나는 자리에 나사못을 박아 브래킷을 고정한다.

* 천장목이 없는 경우에는 나사못을 바깥쪽을 향해 사선으로 박아야 더 견고하다.

6 본체의 커넥터 위치를 확인한 뒤, 가까운 구멍으로 전선을 넣어 빼낸다.

7 본체를 브래킷 볼트에 잘 맞춰 끼우고 동봉된 너트를 조인다.

8 전선의 피복을 벗겨(p.33 참고) 커넥터에 끼운다. 어느 쪽에 끼워도 상관없다.

9 누전차단기를 올리고 불이 잘 들어오는지 확인한 뒤 커버를 덮는다.

싱크대에 간접 등 설치하기

주방에 전등이 있어도 빛을 등지고 있으면 요리나 설거지를 할 때 그림자가 져서 어둡다. 이럴 때는 싱크대 상부장에 간접 등을 달면 문제가 해결된다. LED 칩이 박혀있는 T5 간접 등은 비교적 설치가 쉬워 초보자도 시도할 만하다.

난이도 ★★★☆☆

도구
전동 드릴(또는 드라이버),
니퍼 또는 다목적 가위,
줄자, 펜, 실리콘 건,
절연 장갑

재료
15W 90cm T5 간접 등,
스위치 전선, 전선 몰딩,
나사못, 절연 테이프,
양면테이프, 실리콘

1 T5 간접 등은 길이별로 30, 60, 120, 150 등이 있다. 싱크대 길이를 재서 필요한 크기와 개수를 정해 준비한다.

2 상부장 밑에 등을 대고 브래킷의 위치를 표시한다. 등 1개당 브래킷을 2개씩 설치한다.

3 브래킷을 고정한다. 동봉된 나사못을 사용해 박는다.

4 등 1개를 먼저 브래킷에 끼운다. '딸각' 소리가 날 때까지 완전히 끼운 뒤 좌우로 움직여 위치를 잡는다.

5 설치한 등 옆면에 동봉된 연결 소켓을 끼운다.

6 나머지 등을 연결 소켓에 끼운 뒤 브래킷에 끼운다.

7 등 2개를 완전히 이어 붙인다.

8 등 옆면에 연결 잭을 꽂아 전선을 연결한다.
* 보통 가정집에는 레인지 후드 위에 콘센트가 있어 전선을 연결하고 스위치를 달면 된다.

9 후드 콘센트까지 거리가 멀면 스위치와 플러그가 달린 전선을 준비한다.

10 동봉된 연결 잭의 한쪽 끝을 가위로 자른다.

11 피복을 벗기면 3가닥의 전선이 나온다. 스위치 전선에 접지가 없으므로 초록색 접지선을 완전히 잘라낸다.

12 남은 2개의 전선은 1cm 정도 남겨두고 피복을 벗긴 뒤, 스위치 전선과 같은 색끼리 합쳐 꼰다.

13 연결 부위를 절연 테이프로 넓게 감싼다.

14 콘센트가 있는 곳까지 전선을 감출 전선 몰딩을 설치한다. 길이에 맞춰 잘라 뒷면의 이형지를 벗기고 붙이면 된다(p.54 참고).

15 몰딩 안에 전선을 넣고 뚜껑을 덮은 뒤, 스위치도 양면테이프로 붙인다. 전선 몰딩과 스위치 위아래로 실리콘을 바른다.

16 스위치를 켜보아 불이 잘 들어오는지 확인한다.

+plus 1 가정용 삼파장 전구의 종류

막대형 전구는 왼쪽부터 36W, 55W짜리다.
둥근 전구는 왼쪽부터 14, 17, 26, 39 베이스.

방등·거실등용 전구

주로 방등은 36W의 짧은 막대형 전구를, 거실등과 주방등은 55W의 긴 막대형 전구를 쓴다. 전구를 사러 갈 때 길이와 와트를 알고 가야 한다. 안정기도 다르고, 각각 1등과 2등이 있으니 미리 체크한다.

둥근 전구

둥근 삼파장 전구는 베이스(밑동)의 굵기가 다르다. 집에서 많이 쓰는 것은 14베이스, 17베이스, 26베이스이며, 26베이스를 가장 많이 쓴다. 39베이스는 가게에서 많이 쓴다. 전구를 꽂는 소켓도 각각 규격이 달라 맞는 전구를 사용해야 한다. 구입할 때는 규격을 체크하거나 기존 전구를 가지고 가서 비교한다.

+plus 2 전등을 껐는데 잔광이 있을 때

불을 껐는데 전구의 불빛이 꺼지지 않고 흐릿하게 남아 있는 경우가 있다. 스위치를 바꾸지 않아도 잔광 제거 콘덴서를 꽂으면 간단하게 해결된다. 철물점이나 전기 가게에서 1~2천 원에 구입할 수 있다.

❶ 스위치를 껐는데도 전등의 잔광이 남은 경우. 콘덴서의 선을 짧게 자르고 끝부분의 피복을 벗겨 전등의 커넥터에 꽂는다. 극이 없기 때문에 아무 데나 꽂아도 괜찮다. 전선이 꽂혀있는 구멍에 1가닥씩 꽂는다.

❷ 잔광 제거 콘덴서를 꽂은 뒤 잔광이 사라졌다. 위로 구멍을 뚫어 콘덴서를 숨기거나, 연결하기 전에 선을 짧게 자르는 것이 깔끔하다.

펜던트 조명 설치하기

조명은 단순히 어둠을 밝히는 기능을 넘어 장식의 역할도 해 인테리어 포인트가 된다. 식탁 위의 펜던트만 교체해도 집 안 분위기가 확 달라진다. 펜던트는 설치가 간단히 누구나 어렵지 않게 할 수 있다. 벽등 등 다른 전등도 설치하는 방법은 비슷하다.

난이도 ★★☆☆☆

도구
전동 드릴(또는 드라이버), 절연 장갑

재료
펜던트 조명, 나사못

1 누전차단기를 내린 뒤, 기존의 전등을 떼어내고 커넥터에서 전등의 전선을 뺀다.

2 나사못을 풀어 브래킷을 떼어낸다.

3 나사못을 사선으로 박아 전선 옆에 설치할 펜던트의 브래킷을 단다.

* 천장에 나사못을 박을 때는 사선으로 박아야 튼튼하다. 안쪽으로 박으면 나사못이 전선에 닿을 수 있으므로 반드시 바깥쪽으로 박는다.

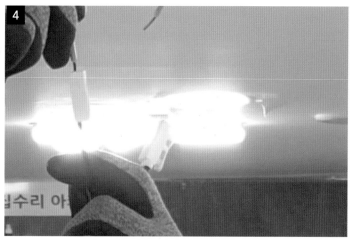

4 커넥터에 펜던트의 전선을 꽂는다. 어느 쪽에 꽂아도 상관없다.

* 전선과 펜던트에 모두 커넥터가 있으면 그중 한쪽의 커넥터를 빼고 전선을 연결한다.

5 길게 늘어진 전선을 펜던트 본체 안에 넣어 정리한 뒤, 펜던트를 브래킷의 볼트에 맞춰 천장에 대고 너트를 조여 고정한다.

6 누전차단기를 올리고 불이 잘 들어오는지 확인한다.

조명이 너무 밝을 때

조명이 너무 밝아서 눈이 부시다면 밝기를 조절하는 조광기를 스위치 전선에 연결하면 된다. LED 등용, 백열등용이 따로 있으므로 미리 체크한다. 중요한 것은 등보다 조광기의 와트 수가 높아야 한다는 것이다. 예를 들어 등이 400W면 500W의 조광기를 준비한다.

난이도 ★★★☆☆

도구
전동 드릴(또는 드라이버),
절연 장갑

재료
조광기

1 누전차단기를 내린 뒤, 스위치 밑면의 홈에 뾰족한 물건을 넣어 커버를 벗긴다.

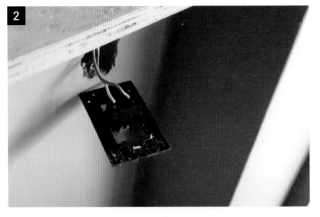

2 위아래의 나사못을 풀어 스위치를 꺼낸다. 뒷면에 2가닥의 전선이 있다.

3 전선 2가닥을 모두 뺀다. 전선 옆에 있는 버튼을 꾹 누르면 전선이 빠진다.

4 조광기의 커버를 벗기고 뒷면의 구멍에 각각 전선을 꽂는다.

5 누전차단기를 올리고 작동이 잘 되는지 시험해본다.

6 조광기를 벽 속에 집어넣고 위 아래에 나사못을 박는다.

7 조광기 커버를 씌우고 꾹꾹 눌러 고정한다.

센서 등이 고장났을 때

센서 등

센서

센서 등 교체는 전선 연결이 쉬워 해볼 만하다. 비용을 더 아끼고 싶다면 센서만 교체하는 것도 방법이다. 전구를 갈아 끼웠는데도 불이 안 들어온다면 대부분 센서 고장이기 때문이다. 센서는 전구용과 LED용이 다르므로 맞는 것을 준비한다.

난이도 ★★☆☆☆

도구
전동 드릴(또는 드라이버), 펜치

재료
센서 등 또는 센서, 커넥터

센서 등 교체하기

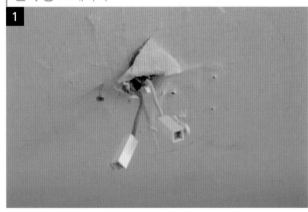

1 누전차단기를 내린 뒤, 센서 등의 커버를 열고 나사못을 풀어 등을 떼어낸다. 전선 커넥터에서 선을 뺀다.

2 새 센서 등의 눈 쪽 옆면에 낮과 밤을 선택하는 버튼이 있다. 센서 등은 주로 밤에 사용하므로 버튼을 밤 쪽에 놓는다.

3 센서 등의 전선을 천장에서 나온 전선 커넥터에 각각 꽂는다. 단숨에 꽂지 말고 천천히 꽂아야 잘 들어간다.

4 구멍에서 조금 떨어진 곳에 나사못을 하나 살짝 박아 놓는다.

* 이때 천장 안에 있는 천장목(상)을 찾아서 박아야 튼튼하게 고정된다.

5 천장에 박아 놓은 나사못에 센서 등의 구멍을 맞춰 끼운다.

6 센서 등을 오른쪽으로 돌려 나사못이 홈 끝에 걸리게 한다.

7 한두 군데 더 나사못을 박아 고정한다. 나사못을 사선으로 박아야 더 튼튼하게 고정된다.

8 커버를 덮은 뒤, 누전차단기를 올리고 작동이 잘 되는지 시험해 본다.

1 누전차단기를 내린 뒤, 센서 등의 커버를 열고 전구를 뺀다. 나사못을 풀어 등을 떼어낸다.

2 나사못을 풀어 센서를 받치는 철판을 떼어낸다.

3 센서를 꺼내고 연결된 전선을 자른 뒤 끝부분의 피복을 벗긴다.

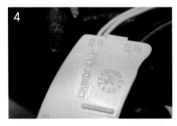

4 센서의 출력 쪽 전선은 등과, 입력 쪽 전선은 전원과 연결하는 선이다. 출력 쪽 전선 2가닥을 등의 전선과 각각 연결한다.

5 연결한 전선은 절연 테이프로 감거나 커넥터를 끼우고 펜치로 꽉 누른다.

6 센서를 제자리에 넣고 앞면의 구멍에 센서 눈을 맞춘다.

7 선을 정리한 뒤 철판을 대고 나사못을 박는다.

8 천장의 전선 커넥터에 센서 등의 전선을 1가닥씩 꽂는다. 나사못을 박아 센서 등을 천장에 단다.

9 전구를 끼우고 커버를 덮는다. 누전차단기를 올리고 잘 작동하는지 확인한다.

누전차단기 커버 교체하기

누전차단기(두꺼비집)는 주로 현관에 있어, 낡고 때가 탄 커버를 볼 때마다 신경 쓰이게 마련이다. 교체하려면 기존 제품을 떼어 가서 같은 걸로 구입한다. 같은 크기의 커버를 구입했더라도 기존 커버가 오래 된 경우 나사못의 위치가 다를 수 있다. 이럴 때 설치하는 요령을 소개한다.

❶ 누전차단기의 회로 수를 체크한 뒤, 같은 제품의 커버를 구입한다.

❷ 누전차단기를 내리고 나사못을 모두 푼다.

❸ 커버를 벗기고 새 커버를 단다.

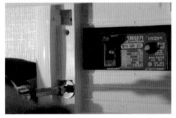

❹ 나사못이 기존의 못 구멍과 안 맞을 경우, 걸쇠를 부러뜨리고 나사못에 와셔를 끼워 박는다. 커버가 가벼워 좌우 각 1개씩만 박아도 된다.

* 아랫부분에도 걸쇠가 있으므로 뚜껑을 닫는 데는 별 문제가 없다.

비디오폰 선 연결하기

비디오폰은 기능이 좀 망가져도 생활에 큰 불편이 없으면 수리를 미루게 된다. 비디오폰을 사면 전원과 초인종을 연결하는 잭이 동봉되어 있어 그대로 꽂기만 하면 된다. 의외로 쉬운 작업이니 한번 시도해보자.

난이도 ★★★★☆

도구
십자 드라이버, 니퍼

재료
비디오폰

1 누전차단기를 내린 뒤, 기존의 비디오폰을 떼어내고 새 비디오폰의 전원 선을 연결한다. 잭을 꽂기만 하면 된다.

2 초인종과 연결하는 4가닥짜리 잭을 꽂는다. 꽂는 곳이 한 군데밖에 없다.

3 비디오폰의 선들을 초인종의 선들과 각각 연결한다. 전선이 색깔로 구분되어있으면 편하다. 뒷면 스티커에 각각 무슨 선인지 표시되어있으므로 같은 번호의 초인종 선과 연결하면 된다.

4 만약 색 구분이 안 되어있다면 각각 무슨 선인지 찾아야 한다. 초인종 뒷면의 스티커에 몇 번이 무슨 선의 접점부인지 적혀있다. 여기에 맞는 선을 찾아 연결한다.

5 4가닥의 선 중 아무 선이나 2가닥을 맞대본다. 초인종 소리가 나면 그중 1가닥과 다른 선들을 대본다. 다른 2가닥과 닿았을 때 소리가 나면 그 선이 음성 선이고, 음성 선과 닿았을 때 소리가 나지 않은 선이 전원 선이다. 먼저 찾은 2가닥을 초인종에 순서대로 연결한다.

6 남은 2가닥을 한 가닥씩 그라운드 접점부와 영상 접점부에 대고 호출 버튼을 눌러본다.

7 소리가 나는 선을 그라운드 접점부에, 나머지 선을 영상 접점부에 연결한다.

8 호출 버튼을 눌러보고 영상이 잘 나오는지 확인한다.

PART

6

—

현관 · 발코니

ENTRANCE

BALCONY

현관문에 보조키 달기

도어 록만으로는 불안해서 보조키를 다는 집이 많다. 사용하던 보조키를 교체할 때는 기존의 구멍을 그대로 활용하면 된다. 본체보다 열쇠를 꽂는 부분인 키뭉치의 고장이 잦으므로 이것만 바꾸면 훨씬 경제적이다. 잠금 용도로만 사용하려면 본체만 달면 된다.

난이도 ★★★★★

도구
전동 드릴,
32mm 홀 커터(홀소),
니퍼, 송곳, 망치, 펜

재료
현관 보조키

1 현관문 안쪽에서 문을 닫고 보조키 본체를 문틀에 바짝 댄 뒤 문에 본을 그린다.

2 본체 뒷면에 있는 브래킷을 떼어 ①의 본에 대고 타공할 자리의 중심을 표시한다.

3 금속 타공용 부품인 홀 커터는 32mm로 준비한다.

4 홀 커터를 전동 드릴에 끼운다.

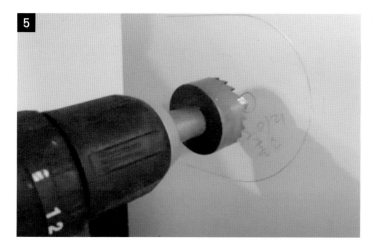

5 드릴을 드라이버 모드로 놓고 타공 위치의 중심에 잘 맞춰 문에 구멍을 뚫는다.

* 전동 드릴의 배터리 용량이 18V 이상 되어야 작업이 쉽다.

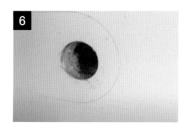

6 문이 얇으면 계속 진행해 바깥쪽까지 구멍을 뚫는다.

7 문이 두꺼워 안쪽에서 뚫기 힘들면 구멍 가운데에 송곳을 대고 망치로 두들겨 문 바깥쪽에서 알 수 있게 표시한다.

8 ⑦에서 표시한 곳에 문 바깥에서 송곳을 대고 망치로 두들겨 작은 구멍을 낸다.

9 구멍에 홀 커터를 꽂고 안쪽과 같은 방법으로 구멍을 뚫는다.

10 문 바깥에서 키뭉치를 끼운다. 이때 키뭉치에 열쇠를 미리 꽂고 열쇠 머리가 수직이 되게 한다.

* 이 상태에서 열쇠가 잘 빠지는지 반드시 확인한다. 안 빠지면 설치가 잘 못된 것이다.

11 문 안쪽에서 본체 브래킷을 단다. 테두리에 올록볼록 튀어나와 있는 쪽이 앞면이며, 바깥에서 꽂은 키뭉치 꼭지가 브래킷 가운데 구멍으로 나와야 한다.

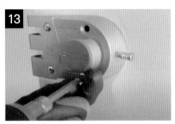

13 본체에 38mm 직결 나사못을 박아 고정한다.

12 본체 홈에 키뭉치 꼭지를 끼워 본체를 장착한다. 꼭지가 길면 니퍼로 한 칸씩 잘라 맞춘다.

14 옆면에 걸쇠를 끼워 넣고 버튼을 잠금으로 돌린 뒤 걸쇠의 위치를 표시한다.

15 걸쇠에 나사못을 1개만 박아 잘 잠기는지 확인한 뒤 마저 박는다.

16 안에서 잠금쇠를 돌려 잘 잠기는지 확인하고, 밖에서 열쇠를 꽂아 잘 열리고 잠기는지 확인한다.

+plus 1 직결 나사못으로 철문에 구멍 뚫기

38mm 철재용 직결 나사못은 미리 구멍을 낼 필요 없이
철판에 직접 박을 수 있고, 구멍을 내는 용도로도 사용할
수 있다. 대부분 보조키 제품 안에 함께 들어있다.

 +plus 2 현관문에 난 보조키 구멍 메우기

보조키를 떼어냈을 때 생기는 구멍은 철물점에서 파는 구멍마개로 손쉽게 해결할 수 있다.

❶ 철물점에서 파는 보조키 구멍마개.

❷ 나사못을 풀어 분리한 뒤 나사못이
있는 쪽이 안쪽, 평평한 쪽이 바깥쪽으
로 가게 한다.

❸ 서로 연결되게 끼운 뒤 안에서 나
사못을 조인다.

현관문 못 자국 없애기

현관문 여기저기 난 못 자국이 눈에 거슬린다면 손쉽게 리폼하는 방법이 있다. 튜브형 퍼티로 구멍을 메우고 전체적으로 페인트를 칠하면 새 문처럼 변신한다. 준비만 꼼꼼하게 하면 누구나 쉽게 할 수 있다.

난이도 ★★★★☆

도구
페인트 롤러(또는 붓),
페인트 트레이, 커터, 망치,
40방 사포, 마른걸레

재료
아크릴 퍼티, 페인트,
마스킹 테이프

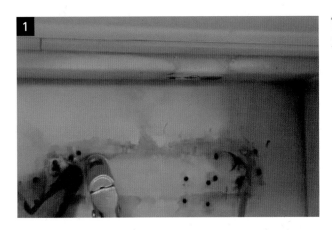

1 현관문의 울퉁불퉁한 곳을 망치로 두들겨 평평하게 만든다.

2 실리콘 자국은 커터로 깨끗이 긁어낸다.

3 거친 사포로 문질러 표면의 이물질을 없애고 마른걸레로 닦는다.

4 아크릴 퍼티를 구멍 위에 짜놓는다.

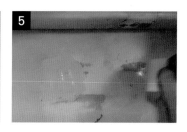

5 동봉된 스크래퍼로 아크릴 퍼티를 얇게 편 뒤 1~2시간 말린다.

* 좀 더 빨리 작업하려면 헤어 드라이어로 말린다.

6 한 번 더 사포질을 하고 마른걸레로 닦은 뒤, 칠할 부분에 마스킹 테이프를 둘러 붙인다.

* 현관문 전체를 칠하려면 벽과 바닥 등에 페인트가 튀지 않도록 비닐과 마스킹 테이프를 두르고 칠한다.

7 페인트를 트레이에 덜고 롤러나 붓에 충분히 묻혀 흐르지 않게 긁어낸 뒤 현관문에 고르게 칠한다. 전체를 칠할 때는 한 번 덧칠하는 것도 좋다.

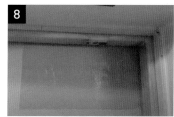

8 페인트가 완전히 마르면 마스킹 테이프를 떼어낸다.

현관

현관문이 바닥에 끌릴 때

오래된 현관문이 처져서 바닥에 끌리는 경우가 의외로 많다. 수리를 맡기면 비용이 꽤 드는데, 철물점에서 현관문(방화문) 피벗 힌지 세트를 구입해 교체하면 된다. 인터넷으로도 현관문 교정 세트를 살 수 있다.

난이도 ★★★☆☆

도구
전동 드릴(또는 드라이버)

재료
피벗 힌지, 2T 와셔

상부 힌지 부품 교체하기

1

1 상부 힌지 밑면에 있는 나사못을 풀어 커버를 벗긴다.

2

2 힌지 옆면의 나사못을 푼다.

4 축이 닳으면 문이 처진다. 축만 교체하거나 상태에 따라 힌지 전체를 교체한다.

* 다시 조립할 때는 축을 아래에서 위로 끼우고 역순으로 조립한다.

3 문을 옆으로 살짝 밀면서 힌지의 축을 아래에서 드라이버로 힘껏 밀어 뺀다.

하부 힌지에 와셔 추가하기

1 하부 힌지의 나사못을 풀어 커버를 벗긴다.

2 커버를 벗기면 동그란 힌지 축이 보인다.

3 문짝을 업듯이 들어 올려 축에서 뺀다.

4 문짝을 기대어 놓고 축에 있는 베어링이 잘 돌아가는지 확인한다.

* 평소 문을 여닫을 때 뻑뻑한 소리가 났다면 여기에 자전거 체인 오일을 뿌리면 좋다.

5 2T 정도의 와셔를 축에 끼우고 역순으로 조립한다.

* 문 처짐의 정도에 따라 와셔의 두께나 개수를 조절한다.

현관

현관문 손잡이 교체하기

현관문에 주로 다는 둥근 손잡이는 별 기술이 없어도 쉽게 교체할 수 있다. 철물점에 기존의 손잡이를 떼어 가거나 사진을 찍어 가서 똑같은 제품을 구입한다. 전동 드릴을 사용하면 더 편하지만 드라이버만으로도 충분하다.

난이도 ★★☆☆☆

도구
전동 드릴(또는 드라이버)

재료
현관문 손잡이

1 현관문 안쪽에서 손잡이 부착판을 시계 반대 방향으로 돌려 손잡이를 뺀다.

2 부착판 안에 있는 브래킷의 나사못을 푼다.

3 브래킷을 해체하면서 바깥쪽 손
잡이도 빼낸다.

4 옆면의 나사못을 풀고 모티스를
빼낸다.

6 열쇠구멍이 있는 손잡이를 문
바깥쪽에 먼저 끼운다.

5 모티스를 옆면에 끼워 넣고 나사못을 박는다. 문이 여닫힐 때 들어갔
다 나왔다 하는 래치볼트의 사선 면이 문 닫히는 방향을 향하게 한다.

7 문 안쪽에 손잡이 브래킷을 홈
에 잘 맞춰 끼운다.

8 나사못을 박아 손잡이 브래킷을
고정한다.

9 손잡이를 안쪽 홈에 맞춰 끼우
고, 부착판을 시계방향으로 돌려
고정한다.

도어 록 교체하기

도어 록을 사면 무료로 설치해주기도 있지만, 설치 요령을 알면 인터넷으로 더 저렴하게 구입할 수 있다. 기존의 도어 록과 사양이 다르거나 타공 위치가 다르면 구멍을 뚫고 보강판을 대야 하므로 미리 확인한다.

난이도 ★★★★☆

도구
전동 드릴,
32mm 홀 커터(홀소)(타공 위치가 다른 경우), 펜

재료
손잡이 일체형 도어 록,
보강판(타공 위치가 다른 경우)

1 나사못을 풀어 도어 록을 해체한다.

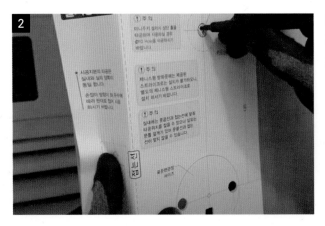

2 제품에 동봉된 설치 종이본을 손잡이(현관정) 부분에 맞춘 뒤, 도어 록의 타공 위치를 펜으로 표시한다.

3 표시한 타공 위치가 기존 위치와 다르면 새로 타공해야 한다.

4 32mm 홀 커터를 전동 드릴에 끼워 타공한다.

5 문짝 옆면에 먼저 모티스를 끼운다. 연결된 PCB(printed circuit board : 전기회로가 인쇄된 기판) 선이 위를 향하게 해서 안으로 넣는다.

6 PCB 선을 문 안쪽 손잡이 구멍으로 빼낸다.

7 모티스 래치볼트의 사선 면이 문 닫히는 방향을 향하는지 확인하고, 아니면 빼서 돌려 끼운다. 손으로 잡아당기면 빠진다.

8 받이판(스트라이커)을 끼우고 위아래 나사못을 박아 고정한다.

* 전동 드릴을 빠른 속도로 작동하면 못이 마모될 수 있으니 저속으로 살살 조인다.

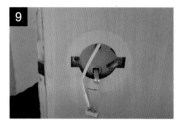

9 문 바깥쪽에서 모티스의 정가운데 홈에 핸들 샤프트를 끼운다. out으로 표시된 것이 문 바깥쪽, in으로 표시된 것이 문 안쪽이다.

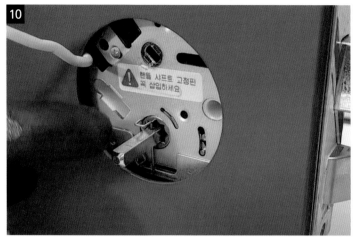

10 핸들 샤프트의 홈에 고정핀을 끼운다. 문 안쪽에서 고정핀을 끼우면 방향이 맞게 된 것이다.

11 문 바깥쪽에서 실외 쪽 몸체(번호키 부분)에 보강판을 끼워 장착한다. 몸체에 연결된 PCB 선은 문 안쪽에서 새로 타공한 구멍으로 빼낸다.

* 보강판은 기존의 구멍을 가리기 위한 것으로, 타공 위치가 이전과 같은 경우에는 필요 없다.

12 문 안쪽에서 실내 쪽 몸체(배터리 부분)를 체결한다. 먼저 뒤판(베이스 플레이트)을 대고 PCB 선을 각각 위아래로 빼낸다.

* 선이 꼬이거나 꺾이지 않도록 주의한다.

13 몸체 뒤 밑판에 나사못을 박아 고정한다.

14 몸체 뒤에 있는 연결단자에 PCB 선을 각각 끼운다. 크기가 달라서 구별하기 쉽다.

15 몸체를 핸들 샤프트 홈에 맞춰 끼운다.

16 건전지 커버를 벗기고 나사못을 박는다.

17 맨 아래 뚜껑을 열어 나사못을 고정한다.

18 건전지를 끼운 뒤, 비밀번호와 카드를 등록한다.

+plus   타공 없이 도어 록 설치하기 ─────────────

타공 작업이 어렵다면 타공하지 않고 도어 록을 설치하는 방법도 있다. 무타공 도어 록을 구입해 문손잡이를 떼고 그 자리에 설치하면 된다.

도어 클로저 교체하기

문을 서서히 닫아주는 도어 클로저는 조립도 쉽고 설치도 비교적 간단하다. 종류가 다양한데 ㄷ자형 브래킷은 가벼운 새시 문에, ㄱ자형 브래킷은 방화문과 철문에 적합하다. 평자형은 일반 아파트에서 가장 많이 사용한다. 기존의 제품을 확인해 같은 것을 구입한다.

난이도 ★★★★☆

도구
전동 드릴, 일자 드라이버

재료
방화문 클로저

1 도어 클로저의 몸체를 고정하고 나사못을 푼다.

* 기존의 도어 클로저를 떼기 전에 사진을 찍어두면 구입하거나 조립할 때 참고할 수 있어 편하다.

2 브래킷의 나사못을 푼다. 사진의 브래킷은 평자형이다.

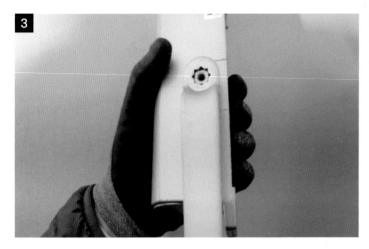

3 메인 암에 링크 암을 끼워 달고 몸체와 수평으로 연결한 뒤 육각 볼트를 조인다.

* 몸체의 속도 조절 밸브가 손잡이를 향하고 메인 암이 움직여야 방향이 맞게 된 것이다.

4 나사못을 4군데 박아 몸체를 고정한다.

* 새로 설치할 경우 위에서 8cm, 옆에서 6cm 떨어진 곳에 몸체를 설치한다.

5 문틀 위에 브래킷을 나사못으로 고정한다.

6 하단의 볼트 구멍은 동봉된 캡으로 막는다.

7 링크 암의 니트를 풀거나 조여 길이를 조절한 뒤 브래킷에 연결한다.

8 동봉된 와셔와 나사못을 끼워 조인다.

9 몸체 옆면의 속도 조절 밸브를 일자 드라이버로 조이거나 풀어 문이 닫히는 속도를 조절한다.

* 위의 밸브는 문이 닫히기 직전까지, 아래 밸브는 닫힐 때까지의 속도를 조절한다. 왼쪽으로 돌리면 빨라지고 오른쪽으로 돌리면 느려진다.

현관문에 말굽 달기

오래된 현관문은 말굽이 닳아서 제 기능을 못하는 경우가 많다. 수없이 사용하다 보면 헐거워지고 소소한 불편이 적지 않다. 말굽은 전동 드릴 없이도 쉽게 바꿔 달 수 있다. 못과 드라이버만 있으면 문제없다. 말굽을 달 때는 위치 조절을 잘하는 것이 중요하다.

난이도 ★★☆☆☆

도구
십자 드라이버, 망치,
송곳(또는 못), 펜

재료
현관문 말굽, 나사못

1 말굽을 바닥에 놓고 현관문에 댄다.

2 나사못 박을 곳을 펜으로 표시한다.

3 표시한 곳에 못이나 송곳을 대고 망치로 두들겨 구멍을 낸다.

* 구멍이 크면 나사못이 헛돌 수 있다. 못이 완전히 들어가지 않게 살짝만 구멍 낸다.

4 드라이버로 나사못을 박는다.

5 구멍이 커서 나사못이 헛돌면 케이블 타이나 피복 벗긴 전선을 구멍에 넣고 나사못을 조인 뒤, 전선을 흔들어 끊고 다시 한번 조인다.

 +plus   현관문이 덜 닫힐 때 ─────────────────────

 현관문이 닫힐 때 문틀의 받이판(스트라이커) 부분에서 멈추는 경우가 있다. 먼저 원인부터 체크해 조치한다.

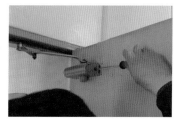

❶ 문 옆면의 래치볼트를 체크한다. 오래되거나 비뚤어져 있다면 교체하거나 ②, ③의 방법을 시도한다.

❷ 문틀의 받이판을 망치로 두들겨 문짝의 래치볼트가 걸리지 않게 한다.

❸ 도어 클로저를 조절해 닫히는 속도를 빠르게 한다. 옆면의 속도 조절 밸브를 왼쪽으로 돌리면 속도가 빨라지고 오른쪽으로 돌리면 느려진다.

현관문이 흔들릴 때

현관문이 닫힌 상태에서도 틈이 있고 흔들리는 경우, 문을 열어 확인해보면 받이판이 바깥쪽으로 밀려 있는 경우가 많다. 이런 경우 받이판 안에 꺾여있는 반달판을 살짝 펴주는 것만으로도 많이 좋아질 수 있다.

난이도 ★★☆☆☆

도구
전동 드릴, 펜치, 드라이버

재료
투명 문풍지

1 도어 록을 누를 때도 문이 덜컹거릴 정도로 현관문이 꽉 닫히지 않는다면 문틀의 받이판이 바깥쪽으로 조금 밀려 설치된 경우이다.

2 받이판의 나사못을 풀어 떼어낸다.

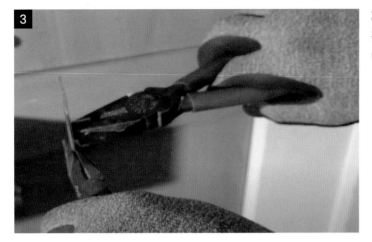

3 받이판 안쪽, ㄱ자로 꺾인 반달판을 펜치 2개로 살짝 펴면 문이 닫히면서 앞으로 밀린다.

4 받이판을 다시 제자리에 끼워 나사못을 조인다.

5 문을 닫아보고 그래도 틈이 있으면 드라이버를 속에 넣어 조금씩 더 펴서 조절한다.

  현관문 틈으로 바람이 들어올 때 ──────────

  새시나 유리문 등에 주로 붙이는 투명 문풍지를 현관문 안쪽에서 테두리 전체에 붙인다. 문틀 부분에도 붙이면 좋다. 문을 닫으면 문풍지가 말려 들어가면서 외풍을 효과적으로 막아준다.

❶ 철물점이나 마트, 생활용품점에서 쉽게 구할 수 있는 투명 문풍지. 문 테두리에 다 붙이려면 6m 이상 필요하다.

❷ 현관문 테두리를 깨끗이 닦고 테이프를 두른다.

롤 방충망 설치하기

롤 방충망은 기성품을 구입하면 가격도 저렴하고 설치도 비교적 쉽다. 문 크기에 맞춰 절단하려면 전동 톱이 필요한데, 반드시 안전 캡을 씌운 채 사용해야 한다. 전동 톱을 사용해본 적이 없다면 철물점이나 수리점에 가지고 가서 부탁한다.

난이도 ★★★★★

도구
전동 드릴, 전동 그라인더,
실리콘 건, 줄자

재료
롤 방충망, 나사못,
투명 실리콘

1 문틀의 크기를 잰 뒤, 기성품을 구입해 상단 바와 하단 바, 몸통, 기둥 바를 전동 톱으로 크기대로 절단한다. 옆면에 눈금자가 있다.

* 문틀 안쪽에 설치할 경우 자칫 안 들어갈 수도 있으므로 2mm 정도 작게 절단하는 것이 좋다. 틈새는 실리콘으로 메우면 된다.

2 프레임의 네 귀퉁이를 브래킷으로 연결한다.

* 브래킷은 끼워서 손바닥으로 치면 들어간다. 고무망치로 두들기면 더 수월하다.

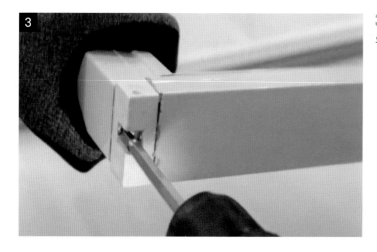

3 동봉된 나사못을 양방향으로 끼워 고정한다.

4 방충망을 잠금쇠가 오른쪽으로 오게 세우고 방충망이 있는 프레임에 스위치와 손잡이를 끼운다.

* 제품에 따라 스위치와 손잡이가 일체형인 것과 분리형인 것이 있다.

5 방충망을 오른쪽으로 잡아당겨 ④의 스위치가 오른쪽 잠금쇠에 잘 끼워지도록 위치를 잡는다.

* 잠금쇠가 장착돼있지 않은 경우 철재용 드릴 비트로 구멍을 낸 뒤 나사못을 박는다.

6 방충망 프레임에 나사못을 박아 스위치와 손잡이를 고정한다.

7 완성된 방충망을 문틀에 끼워 넣고 양쪽 벽에 나사못을 박아 고정한다. 철재용 드릴 비트로 프레임에 먼저 구멍을 내고 긴 나사못을 박는다.

8 방충망과 문틀 사이에 틈이 있으면 투명 실리콘으로 틈을 메운다 (p.30 참고).

tip 주문 제작보다 기성품을

일반 크기의 현관문이라면 주문 제작하는 것보다 기성품(1000×2100mm)을 구입해 필요한 크기로 절단하는 것이 훨씬 저렴하다. 문틀 안쪽에 설치하느냐, 바깥쪽에 설치하느냐에 따라 크기가 달라지는데 아파트는 대부분 밖에 설치한다.

롤 방충망이 말리지 않을 때

롤 방충망이 오래되면 저절로 말리는 기능이 잘 안 될 수 있다. 망가졌다고 생각해서 교체하는 경우가 많은데, 방충망을 돌돌 마는 롤러를 다시 감아주면 간단하게 해결된다. 롤러를 감는 회수로 방충망이 말리는 속도를 조절할 수 있다.

난이도 ★★★☆☆

도구
전동 드릴

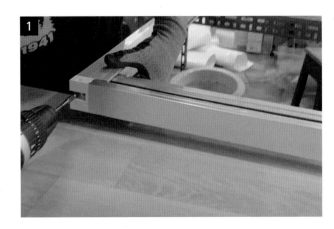

1 문틀에서 방충망을 떼어 방충망이 말려 있는 쪽 프레임 상단 옆면의 나사못을 푼다.

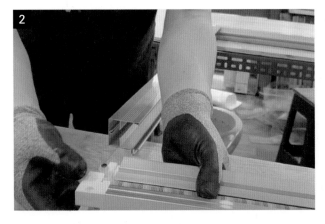

2 상단 바와 연결한 브래킷을 잡아 뺀다.

3 방충망을 말고 있는 축에 연결
돼 있는 것이 롤러이다.

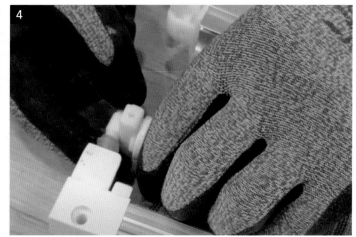

4 축을 한손으로 잡고 다른 손으로 롤러를 시계 반대방향으로 돌린
다. 많이 돌리면 방충망이 빨리 말리고, 적게 돌리면 천천히 말린다.
13~15회 정도가 적당하다.

5 다시 풀리지 않게 축을 잡아 고
정한 채 상단 바를 다시 끼운다.

6 프레임에 나사못을 조인다.

7 방충망을 닫았다 열어보고 너무
느리거나 빠르면 롤러를 다시 조정
한다.

현관

현관에 전신거울 달기

현관에 있으면 편리한 전신거울. 공간이 비좁기 때문에 붙박이로 설치해야 하는데, 대부분 시멘트 벽이라 시공이 쉽지 않다. 실리콘과 양면테이프만으로 안전하게 부착하는 방법을 소개한다. 실크벽지인 경우에는 벽지를 도려내고 붙이는 것이 요령이다.

난이도 ★★★☆☆

도구
커터, 줄자, 실리콘 건

재료
50mm 강력 폼 양면테이프, 실리콘

1 현관 벽면에 맞은 거울 크기를 잰 뒤, 유리 가게에서 주문 제작한다.

* 벽면 부착형으로 테두리 처리를 요청한다.

2 거울 뒷면에 양면테이프를 사방으로 붙이고 중간에도 일정 간격으로 붙인다.

3 벽지가 종이벽지라면 그대로 붙이고, 실크벽지라면 커터로 거울 크기보다 사방 2~3cm씩 안으로 들여 도려낸다.

* 실크벽지는 표면이 평평하지 않기 때문에 밀착되지 않아 무거운 거울을 견뎌내지 못한다.

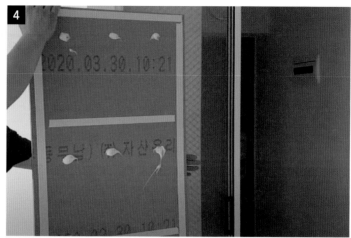

4 양면테이프의 이형지를 벗기고 테이프 사이사이에 실리콘을 일정 간격으로 쏜다.

5 벽면에 거울을 붙이고 손바닥으로 꾹꾹 누른다.

* 양면테이프는 시간이 지날수록 접착력이 떨어지지만, 실리콘이 완전히 마르면서 견고하게 부착된다.

6 거울 테두리에 실리콘을 발라 지지력을 보강한다.

현관문에 시트지 붙이기

숙달된 솜씨가 아니라면 현관문 리폼은 페인팅보다 시트지 시공이 더 쉽고 완성도도 높다. 페인팅과 마찬가지로 시트지도 사포질과 프라이머 작업을 세심하게 하는 게 중요하다. 시트지는 너무 얇은 것보다 어느 정도 두꺼운 것을 고른다.

난이도 ★★★★☆

도구
전동 드릴,
넓은 일자 드라이버(또는 숟가락), 커터,
고무 스크래퍼,
프라이머 트레이, 스펀지,
150방 사포, 마른걸레,
헤어 드라이어

재료
시트지, 프라이머

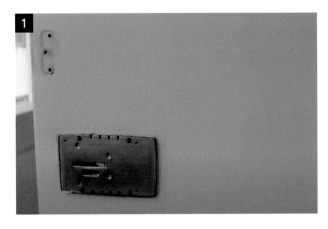

1 현관문의 손잡이, 도어 록, 도어 클로저, 말굽 등을 해체한다.

* p.234 현관문 손잡이 교체하기, p.236 도어 록 교체하기, p.240 도어 클로저 교체하기, p.242 현관문에 말굽 달기를 참고해 해체하고 조립한다.

2 안에서 밖을 볼 수 있는 내시경을 넓은 드라이버나 숟가락으로 풀어 뺀다. 너무 낡았으면 교체한다.

3 우유 투입구는 커버를 떼어내고 나사못을 풀어 해체한다.

4 거친 사포로 문을 고루 문지른 뒤 마른걸레로 깨끗이 닦는다. 특히 테두리 부분은 곱게 문질러야 접착이 잘돼 오래간다.

5 사포질을 하다가 페인트 자국 등 울퉁불퉁한 곳이 있으면 커터로 긁어내고 다시 사포질과 걸레질을 한다.

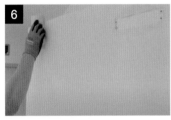

6 프라이머를 트레이에 적당히 덜어 스펀지에 묻힌 뒤 문에 고루 펴 바른다.

* 한 번만 발라도 되지만 한 번 덧칠하면 더 좋다. 가장자리를 세심하게 칠한다.

7 시트지를 문 크기보다 조금 크게 자른 뒤, 이형지를 10cm 정도 벗겨 밖으로 접는다.

8 문 맨 위에 시트지를 붙이고 이형지를 떼어가며 고무 스크래퍼로 문질러 밀착시킨다.

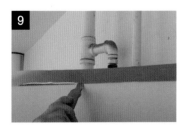

9 테두리를 따라 여분의 시트지를 커터로 잘라낸다.

* 옆면을 감싸면 문이 여닫히면서 벗겨지므로 앞면만 시트지를 붙인다.

10 원래 타공되어 있던 부분도 잘라낸다.

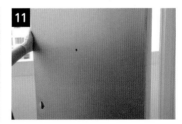

11 문이 잘 여닫히는지 확인하고, 가장자리에 헤어 드라이어로 열을 가해 접착력을 높인다. 손잡이, 도어 록 등의 부속물을 다시 단다.

발코니

빨래건조대 교체하기

망가진 빨래건조대를 교체하는 방법은 의외로 간단하다. 기존 빨래 건조대의 못 구멍이 새것과 잘 맞으면 그 자리에 달면 된다. 못 구멍이 맞지 않으면 새로 설치할 빨래건조대 몸체의 못 구멍 간격을 정확히 재서 그대로 천장에 구멍을 뚫고 설치한다.

난이도 ★★★★☆

도구
전동 드릴, 망치

재료
빨래건조대

1 빨래건조대의 봉을 모두 빼낸 뒤, 천장에 고정된 나사못을 반만 푼다.

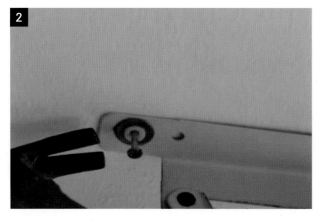

2 망치의 노루발로 나사못을 마저 뽑아 빨래건조대를 해체한다.

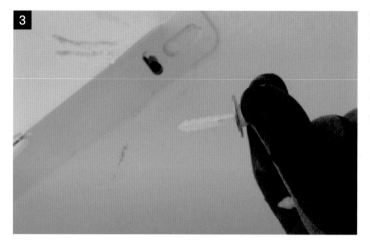

3 새 건조대의 고정판을 기존 못 구멍에 맞춰 대고, 동봉된 칼블럭에 와셔와 나사못을 끼워 꽂는다.

* 새로 설치할 경우에는 전동 드릴에 6mm 드릴 비트를 꽂아 미리 구멍을 뚫는다(p.27 참고).

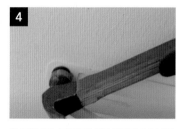

4 망치로 두들겨 칼블럭과 나사못을 동시에 고정한다.

5 양쪽 고정판 가운데 한쪽은 도르래만 달려있고 반대쪽은 커버가 씌워져있다. 커버 안 톱니와 톱니 사이를 살짝 벌려 끈의 양끝을 끼운다.

* 끈만 구입해 쇠고리가 없을 때는 두 줄을 함께 집어넣고 핀셋으로 집어 꺼낸다. 끈만 구입할 경우에도 5m가 적당하다.

6 한 줄은 밑으로 잡아당겨 아래 걸이에 건다.

* 끈에 쇠고리가 없으면 묶어서 고리를 만든다.

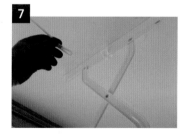

7 나머지 끈은 반대편의 도르래 위로 끼워 넣은 뒤, 마찬가지로 아래 걸이에 건다.

8 끈을 잡아당겨 양쪽이 잘 올라가는지 확인한다.

9 봉을 모두 끼운다.

발코니에 빗물이 샐 때

폭우가 지난간 뒤 발코니에 물이 차 있다면 외벽 누수임에 틀림없다. 비가 완전히 그치고 며칠 바짝 마른 뒤 보수공사를 하는 게 좋다. 발코니 창턱 아래가 주요 원인이지만 옆면에도 미세한 틈이 있을 수 있으니 꼼꼼히 체크한다.

난이도 ★★★★☆

도구
커터, 스크래퍼,
마른걸레,
소시지 실리콘 건,
헤어 드라이어

재료
소시지 실리콘

1 비가 그치면 물을 닦아내고 바짝 말린 뒤, 창밖 아래쪽에 시공돼있던 실리콘을 커터로 도려낸다.

2 커터나 스크래퍼로 이물질을 긁어낸 뒤 마른걸레로 깨끗이 닦는다.

3 실리콘 밑에 습기가 남아있을 수 있으므로 헤어 드라이어로 말린 뒤 창틀 주변에 소시지 실리콘을 넉넉히 바른다.

4 폭이 넓은 실리콘 스크래퍼로 실리콘이 최대한 밀착되도록 다듬는다.

5 옆면을 체크해서 갈라진 곳이 있으면 같은 방법으로 실리콘을 바른다.

+plus 소시지 실리콘 사용법 ─────────────────────

❶ 맨 뒤의 고정판을 엄지로 누른 채 중심철봉(밀대)을 끝까지 잡아당긴다.

❷ 실리콘 건의 통 안에 소시지 실리콘을 넣고 끝을 가위로 조금만 자른다.

❸ 검은색 캡 2개 중 작고 뾰족한 캡을 크고 넓적한 캡에 끼우고 '딸깍' 소리가 날 때까지 꾹 누른다.

❹ 캡을 실리콘 건에 씌우고 노즐 팁을 끼운다.

❺ 노즐 팁의 끝을 커터로 조금 자른다. 안쪽을 잡고 바깥쪽으로 잘라야 안전하다. 손잡이를 조금씩 당겨가며 시공한다.

PART
7

옥외

OUTSIDE

수도계량기가 동파했을 때

영하의 추운 날씨가 계속되면 수도계량기가 동파되기 쉽다. 계량기를 교체하는 것은 별로 어렵지 않지만 미리 예방하는 것이 최선이다. 특히 연이은 추운 날씨 뒤에 갑자기 날이 풀리면서 동파되는 경우가 많으므로 수시로 체크한다.

난이도 ★★★★☆

도구
멍키 스패너, 커터

재료
수도계량기, 에어캡,
보온 테이프, 절연 테이프

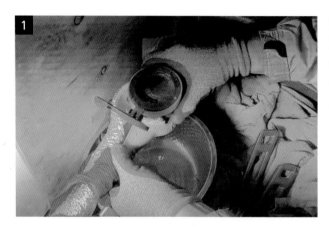

1 수도 밸브를 잠근 뒤, 보온재를 커터로 자르고 수도계량기 양쪽의 너트를 풀어 계량기를 뗀다.
* 고무패킹이 상하지 않았으면 버리지 말고 재사용한다.

2 새 수도계량기의 수돗물 방향을 체크한다. 화살표로 표시되어있다.

3 새 계량기 양쪽에 고무패킹을 끼운 뒤, 수돗물 방향을 맞춰 배관과 연결해 너트를 조인다.

4 멍키 스패너로 너트를 단단히 조인다.

5 배관을 보온재로 감싼 뒤 보온 테이프로 틈이 생기지 않게 꼼꼼히 감는다.

6 계량기를 에어캡으로 한 번 더 감싼 뒤 전체적으로 보온 테이프를 감는다.

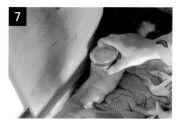

7 절연 테이프를 단단히 감고 수도 밸브를 연다.

+plus 수도계량기 동파 예방하기 ─────────────────

수도계량기나 배관, 수전 등의 동파를 예방하려면 계량기와 배관을 보온재와 보온 테이프로 감싸고 헌옷이나 담요, 에어캡, 스티로폼 등으로 보온하며, 밤새 물을 조금씩 틀어놓는 것이 기본이다. 그러나 한파에는 이것도 역부족일 수 있다. 계량기가 외부에 노출되어있거나 그늘진 곳에 있다면 열선이나 열풍기를 설치하는 것도 방법이다. 단, 주변에 누전이나 화재 위험이 없도록 하고 밤 또는 일정 시간에만 가동되도록 타이머를 설치하는 것이 좋다.

수도관 동파 예방하기

흔히 사용하는 감는 열선은 밖으로 드러난 배관에만 감을 수 있어 매립된 수도관에는 사용할 수가 없다. 베란다나 옥상의 수도가 자주 얼어 겨울마다 스트레스를 받는다면 삽입형 열선을 넣으면 좋다.

난이도 ★★★☆☆

재료
동파 방지 삽입형 열선(히팅 케이블), T밸브, 니플, 테플론 테이프

1 니플에 테플론 테이프로 감은 뒤 T밸브에 끼워 단단히 조인다. 니플의 반대쪽 나사에도 테플론 테이프를 20회 이상 감는다(p.32 참고).

2 수도계량기를 잠그고 수도꼭지를 돌려 뺀다. 사진처럼 T밸브와 수도꼭지가 연결되는 순서를 기억한다.

3 T밸브를 체결하기 전에 열선을 먼저 넣는다.

4 T밸브에 끼운 열선을 수도관에 집어넣는다.

* 열선이 잘 안 들어가면 엄지와 검지로 좌우로 살살 돌리면서 집어넣는다.

5 열선이 끝까지 다 들어가면 T밸브를 수도관에 돌려 끼운다.

6 T밸브의 마개를 끼워 조인다.

* 마개의 나사 부분에도 테플론 테이프를 감는다.

7 수도꼭지의 나사 부분에 테플론 테이프를 감은 뒤 T밸브에 돌려 끼운다. 수도계량기를 열어 누수를 확인하고 전원을 연결한다.

+plus 노출된 수도관에 열선 감기 ————————————————

노출된 수도관에 열선을 감으면 동파를 막을 수 있다. 일정 온도로 내려가면 전원이 켜지는 센서형 열선이 편하다. 1m부터 50m까지 길이가 다양하므로 수도관에 맞는 것을 구입한다.

고온에도 녹지 않는 내화 테이프로 열선의 머리 부분을 고정한 뒤, 열선을 나선형으로 겹치지 않게 밀착시켜 돌려 감는다.

열선이 남는다고 겹쳐 묶어두는 것은 절대 금지다.

열선을 감으면 보온재로 감싸지 않아도 되지만, 더 확실하게 예방하고 싶다면 열선을 일자로 붙인 뒤 아트론 보온재를 씌우고 테이프를 붙인다.

외벽에서 습기가 스며들 때

옥상 방수를 해도 외벽의 틈새가 벌어지거나 갈라짐 등이 있으면 습기가 스며들어 내벽에 곰팡이가 생기게 된다. 우레탄 실리콘은 외벽 보수 전용으로, 일반 실리콘보다 내구성과 방수성이 뛰어나다. 시공 전에 프라이머를 바르면 효과가 더 크다.

난이도 ★★★☆☆

도구
커터, 붓,
실리콘 스크래퍼,
실리콘 건, 마른걸레,
마스크

재료
우레탄 실리콘,
실리콘 프라이머

1 실리콘 건에 우레탄 실리콘을 장착하고 커터로 팁을 자른다(p.30 참고).

2 실리콘에 노즐을 끼우고 커터로 어슷하게 자른다.

3 마른걸레로 시공할 곳의 먼지를 닦는다.

4 기존의 실리콘을 커터로 제거한 뒤 붓으로 프라이머를 펴 바른다.

* 실리콘 전용 프라이머를 바르면 접착력과 내구성이 더 좋아진다. 냄새가 심하니 마스크를 착용한다.

5 프라이머가 보송보송하게 마르면 실리콘을 바른다.

6 실리콘 스크래퍼로 틈새를 세심하게 메우면서 평평하게 다듬는다.

* 우레탄 실리콘이 마르면 페인트를 칠할 수도 있다.

tip 갈라짐이 심하다면 우레탄 폼으로

외벽이 심하게 갈라졌다면 우레탄 폼을 쏜 뒤 우레탄 실리콘을 바른다.

◇ **+plus**　　**외벽 방수 코팅제** ────────────────

스프레이형 방수제로 손쉽게 코팅할 수 있다. 긴급한 상황이거나 창문 주변 등 방수에 취약한 부분에 뿌리기 좋다.

사용이 간편한 외벽 방수 코팅제.

벽면이 완전히 마른 상태에서 먼지를 닦은 뒤, 스프레이통을 위아래로 충분히 흔들어 섞어 고루 뿌린다.

물을 뿌린 모습. 코팅제를 뿌린 벽(오른쪽)은 물방울이 맺혀 흘러내리고, 뿌리지 않은 벽(왼쪽)은 안으로 스며든다. 2~3회 덧뿌리면 더 효과적이다.

• 요리

대한민국 대표 요리선생님에게 배우는 요리 기본기
한복선의 요리 백과 338
칼 다루기부터 썰기, 계량하기, 재료를 손질·보관하는 요령까지 요리의 기본을 확실히 잡아주고 국·찌개·구이·조림·나물 등 다양한 조리법으로 맛 내는 비법을 알려준다. 매일 반찬부터 별식까지 웬만한 요리는 다 들어있어 맛있는 집밥을 즐길 수 있다.

한복선 지음 | 352쪽 | 188×254mm | 22,000원

영양학 전문가가 알려주는 저염·저칼륨 식사법
콩팥병을 이기는 매일 밥상
콩팥병은 한번 시작되면 점점 나빠지는 특징이 있어 무엇보다 식사 관리가 중요하다. 영양학 박사와 임상 영상사들이 저염식을 기본으로 단백질, 인, 칼륨 등을 줄인 콩팥병 맞춤 요리를 준비했다. 간편하고 맛도 좋아 환자와 가족 모두 걱정 없이 즐길 수 있다.

어메이징푸드 지음 | 248쪽 | 188×245mm | 18,000원

그대로 따라 하면 엄마가 해주시던 바로 그 맛
한복선의 엄마의 밥상
일상 반찬, 찌개와 국, 별미 요리, 한 그릇 요리, 김치 등 웬만한 요리 레시피는 다 들어있어 기본 요리 실력 다지기부터 매일 밥상 차리기까지 이 책 한 권이면 충분하다. 누구든지 그대로 따라 하기만 하면 엄마가 해주시던 바로 그 맛을 낼 수 있다.

한복선 지음 | 312쪽 | 188×245mm | 16,800원

치료 효과 높이고 재발 막는 항암요리
암을 이기는 최고의 식사법
암 환자들의 치료 효과를 높이고 재발을 막는 데 도움이 되는 음식을 소개한다. 항암치료 시 나타나는 증상별 치료식과 치료를 마치고 건강을 관리하는 일상 관리식으로 나눠 담았다. 항암 식생활, 항암 식단에 대한 궁금증 등 암에 관한 정보도 꼼꼼하게 알려준다.

어메이징푸드 지음 | 280쪽 | 188×245mm | 18,000원

한입에 쏙, 맛과 영양을 가득 담은 간편 도시락
김밥 주먹밥 유부초밥
맛있고 영양 많고 한입에 먹기 편한 김밥, 주먹밥, 유부초밥. 도시락, 간식으로 준비하기에 이보다 더 좋은 게 없다! 밥 양념하기부터 속재료 준비하기, 김밥 말기, 주먹밥 모양내기, 유부초밥 토핑하기 등 김밥, 주먹밥, 유부초밥 50가지 메뉴의 모든 테크닉을 꼼꼼하게 알려준다.

지선아 지음 | 144쪽 | 188×230mm | 16,800원

영양학 전문가의 맞춤 당뇨식
최고의 당뇨 밥상
영양학 전문가들이 상담을 통해 쌓은 데이터를 기반으로 당뇨 환자들이 가장 맛있게 먹으며 당뇨 관리에 성공한 메뉴를 추렸다. 한 상 차림부터 한 그릇 요리, 브런치, 샐러드와 당뇨 맞춤 음료, 도시락 등으로 구성해 매일 활용할 수 있으며, 조리법도 간단하다.

어메이징푸드 지음 | 256쪽 | 188×245mm | 16,000원

맛있는 밥을 간편하게 즐기고 싶다면
뚝딱 한 그릇, 밥
덮밥, 볶음밥, 비빔밥, 솥밥 등 별다른 반찬 없이도 맛있게 먹을 수 있는 한 그릇 밥 76가지를 소개한다. 한식부터 외국 음식까지 메뉴가 풍성해 혼밥과 별식, 도시락으로 다양하게 즐길 수 있다. 레시피가 쉽고, 밥 짓기 등 기본 조리법과 알찬 정보도 가득하다.

장연정 지음 | 200쪽 | 188×245mm | 16,800원

먹을수록 건강해진다!
나물로 차리는 건강밥상
생나물, 무침나물, 볶음나물 등 나물 레시피 107가지를 소개한다. 기본 나물부터 토속 나물까지 다양한 나물반찬과 비빔밥, 김밥, 파스타 등 나물로 만드는 별미 요리를 담았다. 메뉴마다 영양과 효능을 소개하고, 월별 제철 나물, 나물요리의 기본요령도 알려준다.

리스컴 편집부 | 160쪽 | 188×245mm | 12,000원

입맛 없을 때 간단하고 맛있는 한 끼
뚝딱 한 그릇, 국수
비빔국수, 국물국수, 볶음국수 등 입맛 살리는 국수 63가지를 담았다. 김치비빔국수, 칼국수 등 누구나 좋아하는 우리 국수부터 파스타, 미고렝 등 색다른 외국 국수까지 메뉴가 다양하다. 국수 삶기, 국물 내기 등 기본 조리법과 함께 먹으면 맛있는 밑반찬도 알려준다.

한복선 지음 | 176쪽 | 188×245mm | 16,000원

더 오래, 더 맛있게 홈메이드 저장식 60
피클 장아찌 병조림
맛있고 건강한 홈메이드 저장식을 알려주는 레시피북. 기본 피클, 장아찌부터 아보카도장이나 낙지장 등 요즘 인기 있는 레시피까지 모두 수록했다. 제철 재료 캘린더, 조리 팁까지 꼼꼼하게 알려줘 요리 초보자도 실패 없이 맛있는 저장식을 만들 수 있다.

손성희 지음 | 176쪽 | 188×235mm | 18,000원

기초부터 응용까지 베이킹의 모든 것
브레드 마스터 클래스
국내 최고 발효 빵 전문가이자 20년 동안 베이커의 길을 걸어온 저자의 모든 베이킹 노하우를 한 권에 담았다. 베이킹 이론과 레시피를 단계적이고 체계적으로 알려주는 원앤온리 클래스로, 건강 빵부터 인기 빵까지 40개의 레시피가 수록되어 있다.

고상진 지음 | 256쪽 | 188×245mm | 22,000원

혼술·홈파티를 위한 칵테일 레시피 85
칵테일 앳 홈
인기 유튜버 리니비니가 요즘 바에서 가장 인기 있고, 유튜브에서 많은 호응을 얻은 칵테일 85가지를 소개한다. 모든 레시피에 맛과 도수를 표시하고 베이스 술과 도구, 사용법까지 꼼꼼하게 담아 칵테일 초보자도 실패 없이 맛있는 칵테일을 만들 수 있다.

리니비니 지음 | 208쪽 | 146×205mm | 18,000원

볼 하나로 간단히, 치대지 않고 쉽게
무반죽 원 볼 베이킹
누구나 쉽게 맛있고 건강한 빵을 만들 수 있도록 돕는 책. 61가지 무반죽 레시피와 전문가의 Tip을 담았다. 이제 힘든 반죽 과정 없이 볼과 주걱만 있어도 집에서 간편하게 빵을 구울 수 있다. 초보자에게도, 바쁜 사람에게도 안성맞춤이다.

고상진 지음 | 248쪽 | 188×245mm | 20,000원

술자리를 빛내주는 센스 만점 레시피
술에는 안주
술맛과 분위기를 최고로 끌어주는 64가지 안주를 술자리 상황별로 소개했다. 누구나 좋아하는 인기 술안주, 부담 없이 즐기기에 좋은 가벼운 안주, 식사를 겸할 수 있는 든든한 안주, 홈파티 분위기를 살려주는 폼나는 안주, 굽기만 하면 되는 초간단 안주 등 5개 파트로 나누었다.

장연정 지음 | 152쪽 | 151×205mm | 13,000원

천연 효모가 살아있는 건강 빵
천연발효빵
맛있고 몸에 좋은 천연발효빵. 홈 베이킹을 넘어 건강한 빵을 찾는 웰빙족을 위해 과일, 채소, 곡물 등으로 만드는 천연발효종 20가지와 천연발효종으로 굽는 건강빵 레시피 62가지를 담았다. 천연발효빵 만드는 과정이 한눈에 들어오도록 구성되었다.

고상진 지음 | 328쪽 | 188×245mm | 19,800원

건강한 약차, 향긋한 꽃차
오늘도 차를 마십니다
맛있고 향긋하고 몸에 좋은 약차와 꽃차 60가지를 소개한다. 각 차마다 효능과 마시는 방법을 알려줘 자신에게 맞는 차를 골라 마실 수 있다. 차를 더 효과적으로 마실 수 있는 기본 정보와 다양한 팁도 담아 누구나 향기롭고 건강한 차 생활을 즐길 수 있다.

김달래 감수 | 200쪽 | 188×245mm | 15,000원

정말 쉽고 맛있는 베이킹 레시피 54
나의 첫 베이킹 수업
기본 빵부터 쿠키, 케이크까지 초보자를 위한 베이킹 레시피 54가지. 바삭한 쿠키와 담백한 스콘, 다양한 머핀과 파운드케이크, 폼 나는 케이크와 타르트, 누구나 좋아하는 인기 빵까지 모두 담겨있다. 베이킹을 처음 시작하는 사람에게 안성맞춤이다.

고상진 지음 | 216쪽 | 188×245mm | 16,800원

오늘부터 샐러드로 가볍고 산뜻하게
오늘의 샐러드
한 끼 식사로 손색없는 샐러드를 더욱 알차게 즐기는 방법을 소개한다. 과일채소, 곡물, 해산물, 육류 샐러드로 구성해 맛과 영양을 다 잡은 맛있는 샐러드를 집에서도 쉽게 먹을 수 있다. 45가지 샐러드에 어울리는 다양한 드레싱을 소개한다.

박선영 지음 | 128쪽 | 150×205mm | 10,000원

만약에 달걀이 없었더라면 무엇으로 식탁을 차릴까
오늘도 달걀
값싸고 영양 많은 완전식품 달걀을 더 맛있게 즐길 수 있는 달걀 요리 레시피북. 가벼운 한 끼부터 든든한 별식, 밥반찬, 간식과 디저트, 음료까지 맛있는 달걀 요리 63가지를 담았다. 레시피가 간단하고 기본 조리법과 소스 등도 알려줘 누구나 쉽게 만들 수 있다.

손성희 지음 | 136쪽 | 188×245mm | 14,000원

집에서 손쉽게 만드는 이탈리안 가정식
오늘의 파스타
레스토랑에서 인기 있는 메뉴를 손쉽게 만들 수 있도록 비장의 레시피를 공개한다. 식탁을 다채롭게 차릴 수 있고, 지역별 파스타를 접하며 여행하는 기분도 느낄 수 있다. 기본 파스타부터 고급 요리까지 46개의 레시피를 담았다.

최승주 지음 | 128쪽 | 150×205mm | 12,000원

• 임신출산 | 자녀교육

산부인과 의사가 들려주는 임신 출산 육아의 모든 것
똑똑하고 건강한 첫 임신 출산 육아

임신 전 계획부터 산후조리까지 현대의 임신부를 위한 똑똑한 임신 출산 육아 교과서. 20년 산부인과 전문의가 임신부들이 가장 궁금해하는 것과 꼭 알아야 할 것들을 알려준다. 계획 임신, 개월 수에 따른 엄마와 태아의 변화, 안전한 출산을 위한 준비 등을 꼼꼼하게 짚어준다.

김건오 지음 | 408쪽 | 190×250mm | 20,000원

사진으로 익히는 0~12개월 갓난아기 돌보기
나는 초보 엄마입니다

출생 후 12개월까지의 아기를 안아주고, 먹여주고, 달래주고, 놀아주고, 기저귀를 갈아주고, 목욕시키고, 옷을 입히고, 마사지해주고, 안정시키고, 외출시키는 등 아기를 돌보는 데 필요한 모든 것을 담았다. 풍부한 사진과 함께 상세히 설명되어 있어 쉽게 따라 할 수 있다.

리스컴 편집부 | 136쪽 | 190×260mm | 12,000원

요리연구가 엄마가 먹여보고 보장하는
안심 튼튼 이유식

어린이 요리 전문가가 자신의 아이에게 직접 만들어 먹였던 이유식 200가지를 소개한다. 안전한 재료를 다양하게 사용하고, 만들기 쉽고, 무엇보다 아기가 잘 먹는 이유식이다. 이유식의 형태와 양, 횟수 등 진행 방법도 꼼꼼히 알려줘 초보 엄마도 걱정 없다.

이지은 지음 | 360쪽 | 188×245mm | 17,600원

말 안 듣는 아들, 속 터지는 엄마!
아들 키우기, 왜 이렇게 힘들까

20만 명이 넘는 엄마가 선택한 아들 키우기의 노하우. 엄마는 이해할 수 없는 남자아이의 특징부터 소리치지 않고 행동을 변화시키는 아들 맞춤 육아법까지. 오늘도 아들 육아에 지친 엄마들에게 '슈퍼 보육교사'로 소문난 자녀교육 전문가가 명쾌한 해답을 제시한다.

하라사카 이치로 지음 | 192쪽 | 143×205mm | 13,000원

성인 자녀가 부모와 단절하는 원인과
갈등을 회복하는 방법
자녀는 왜 부모를 거부하는가

부모 자식 간 관계 단절 현상에 대해 심리학자인 저자가 자신의 경험과 상담 사례를 바탕으로 그 원인을 찾고 해답을 제시한다. 성인이 되어 부모와 인연을 끊는 자녀들의 심리와, 그로 인해 고통받는 부모에 대한 위로, 부모와 자녀 간의 화해 방법이 담겨 있다.

조슈아 콜먼 지음 | 328쪽 | 152×223mm | 16,000원

• 건강 | 다이어트

백 세 노인이 전해준 건강관리 노트
9988 건강습관

1백 세 장수인의 삶을 실천하고 있는 건강 박사 유태종 교수의 건강관리법. 건강하게 사는 생활습관, 건강을 지키는 식사법, 활력을 유지하는 운동법, 젊게 사는 마음 건강법으로 장을 나누어 백세시대 중노년층에 도움이 되는 건강관리 비법을 가득 담았다. 인생 후반기 건강한 삶의 친절한 안내자가 되어줄 것이다.

정해용 지음 | 272쪽 | 152×223mm | 16,800원

반듯하고 꼿꼿한 몸매를 유지하는 비결
등 한번 쫙 펴고 삽시다

최신 해부학에 근거해 바른 자세를 만들어주는 간단한 체조법과 스트레칭 방법을 소개한다. 누구나 쉽게 따라 할 수 있고 꾸준히 실천할 수 있는 1분 프로그램으로 구성되었다. 수많은 환자들을 완치시킨 비법 운동으로, 1주일 만에 개선 효과를 확인할 수 있다.

타카히라 나오노부 지음 | 168쪽 | 152×223mm | 16,800원

파킨슨병 전문가가 알려주는 파킨슨병 완벽 가이드북
파킨슨병

파킨슨병 환자와 가족을 위한 지침서. 파킨슨병을 앓는 환자들도 삶을 즐길 수 있도록 치료법과 생활습관법 등을 담았다. 다양한 증상을 알기 쉽게 정리했고, 운동요법, 생활습관, 가족들이 알아야 할 유용한 팁 등 파킨슨병 환자들에게 도움이 되는 정보들이 가득하다.

사쿠나 마나부 감수 | 조기호 옮김 | 160쪽 | 152×225mm | 16,800원

아침 5분, 저녁 10분
스트레칭이면 충분하다

몸은 튼튼하게 몸매는 탄력 있게 가꿀 수 있는 스트레칭 동작을 담은 책. 아침 5분, 저녁 10분이라도 꾸준히 스트레칭하면 하루하루가 몰라보게 달라질 것이다. 아침 저녁 동작은 5분을 기본으로 구성하고 좀 더 체계적인 스트레칭 동작을 위해 10분, 20분 과정도 소개했다.

박서희 지음 | 152쪽 | 188×245mm | 13,000원

남자들을 위한 최고의 퍼스널 트레이닝
1일 20분 셀프 PT

혼자서도 쉽고 빠르게 원하는 몸을 만들도록 돕는 PT 가이드북. 내추럴 보디빌딩 국가대표가 기본 동작부터 잘못된 자세까지 차근차근 알려준다. 오늘부터 하루 20분 셀프 PT로 남자라면 누구나 갖고 싶어 하는 역삼각형 어깨, 탄탄한 가슴, 식스팩, 강한 하체를 만들어보자.

이용현 지음 | 192쪽 | 188×230mm | 14,000원

• 취미 | DIY

뇌 건강에 좋은 꽃그림 그리기
사계절 꽃 컬러링 북

꽃그림을 색칠하며 뇌 건강을 지키는 컬러링 북. 컬러링은 인지 능력을 높이기 때문에 시니어들의 뇌 건강을 지키는 취미로 안성맞춤이다. 이 책은 색연필을 사용해 누구나 쉽고 재미있게 색칠할 수 있다. 꽃그림을 직접 그려 선물할 수 있는 포스트 카드도 담았다.

정은희 지음 | 96쪽 | 210×265mm | 13,000원

나 어릴 때 놀던 뜰
우리 집 꽃밭 컬러링북

'아빠하고 나하고 만든 꽃밭에, 채송화도 봉숭아도 한창입니다…' 마당 한가운데 동그란 꽃밭, 그 안에 올망졸망 자리 잡은 백일홍, 봉숭아, 샐비어, 분꽃, 붓꽃, 채송화, 과꽃, 한련화… 어릴 적 고향 집 뜰에 피던 추억의 꽃들을 색칠하며 그 시절로 돌아가 보자.

정은희 지음 | 96쪽 | 210×265mm | 14,000원

여행에 색을 입히다
꼭 가보고 싶은 유럽 컬러링 북

아름다운 유럽의 풍경 28개를 색칠하는 컬러링북. 초보자도 다루기 쉬운 색연필을 사용해 누구나 멋진 작품을 완성할 수 있다. 꿈꿔왔던 여행을 상상하고 행복했던 추억을 떠올리며 색칠하다 보면 편안하고 따뜻한 힐링의 시간을 보낼 수 있다.

정은희 지음 | 72쪽 | 210×265mm | 13,000원

꽃과 같은 당신에게 전하는 마음의 선물
꽃말 365

365일의 탄생화와 꽃말을 소개하고, 따뜻한 일상 이야기를 통해 인생을 '잘' 살아가는 방법을 알려주는 책. 두 딸의 엄마인 저자는 꽃말과 함께 평범한 일상 속에서 소중함을 찾고 삶을 아름답게 가꿔가는 지혜를 전해준다. 마음에 닿는 하루 한 줄 명언도 담았다.

조서윤 지음 | 정은희 그림 | 392쪽 | 130×200mm | 16,000원

만들기 쉽고 예쁜
심플 원피스

직접 만들어 예쁘게 입는 나만의 베이직 원피스. 여자들의 필수 아이템인 27가지 스타일 원피스를 자세한 일러스트 과정과 함께 상세히 설명했다. 실물 크기 패턴도 함께 수록되어있어 재봉틀을 처음 배우는 초보자라도 뚝딱 만들 수 있다.

부티크 지음 | 122쪽 | 210×256mm | 13,000원

• 인문교양

혁신으로 세상을 바꾸다
세계 속의 위대한 공학자 50인

인류가 문명을 이룰 수 있었던 것은 공학자들의 혁신적인 발명 덕분이다. 이 책은 고대부터 현대에 걸친 위대한 공학자 50인의 생애를 생생한 사진과 함께 소개하며 공학이 어떻게 세상을 바꾸었는지 보여준다. 일반 독자들은 물론 청소년들에게 길잡이가 되어줄 것이다.

폴 비르, 윌리엄 포터 지음 | 권기균 번역·감수
216쪽 | 188×245mm | 18,000원

읽다 보면 푹 빠지는 유전자 박사님의 생명과학 강의
내 몸 안의 거울, DNA 이야기

난치병의 예방과 치료, 고갈되는 식량과 작물 병해충의 해답인 '유전자'의 모든 것을 주변의 예시와 최근 실험 결과들로 친절하게 풀어낸다. 유전자를 해독하듯 재미있는 이야기들을 통해 유전자의 기초 지식을 알아가고, 미래를 대비할 과학적 해답을 얻게 될 것이다.

이영일 지음 | 256쪽 | 152×223mm | 18,000원

화학의 거장이 들려주는 진짜! 화학 수업
진정일의 화학 카페

60년간 화학자의 길을 걸어온 세계적 석학 진정일 교수의 진짜! 화학 수업이 시작된다. 일상 속 화학 현상을 시작으로 신비하고 놀라운 화학 이야기, 인류 문명 속 화학 그리고 화학이 만들어 낼 놀라운 미래까지 화학의 거의 모든 것을 쉽고 재미있게 풀어냈다.

진정일 지음 | 316쪽 | 148×210mm | 18,000원

세계 최대 스미스소니언 자연사박물관 이야기
박물관이 살아 있다

세계 최대 규모와 최고 수준의 전시로 유명한 스미스소니언 자연사박물관을 한 권에 담았다. 공학박사이자 스미스소니언 방문연구원이었던 저자가 우주의 탄생부터 인류의 기원, 자연과 생명의 진화와 멸종까지 스미스소니언의 방대한 전시 컬렉션을 알기 쉽게 설명한다.

권기균 지음 | 344쪽 | 170×225mm | 20,000원

단번에 마음을 사로잡는 한 줄 카피의 힘
캐치 카피

기획안, 프레젠테이션, SNS, 이메일까지 반드시 팔리는 마법의 한 줄 쓰는 법을 알려준다. 일본 최고의 인기 카피라이터 가와카미 데쓰야는 수년간의 경험을 통해 개발한 5W1H의 원칙으로 캐치 카피 쓰는 법을 쉽고 명료하게 전달한다.

가와카미 데쓰야 지음 | 민경욱 옮김
160쪽 | 128×188mm | 16,800원

집수리 닥터
강쌤의
셀프 집수리

지은이 | 강태운

사진 | 김해원(민들레사진관)
책임 편집 | 정혜숙
장소 협찬 | 게스트하우스 하하네(050-71344-4069)

편집 | 김연주 김소연 양가현
디자인 | 이미정 한송이
마케팅 | 황기철 김지해

인쇄 | 금강인쇄

초판 1쇄 | 2021년 12월 20일
초판 8쇄 | 2025년 1월 20일

펴낸이 | 이진희
펴낸곳 | (주)리스컴

주소 | 서울시 강남구 테헤란로87길 22, 7층(삼성동, 한국도심공항)
전화번호 | 대표번호 02-540-5192
          편집부 02-544-5194
FAX | 0504-479-4222
등록번호 | 제2-3348

ISBN 979-11-5616-251-3 13590
책값은 뒤표지에 있습니다.

블로그
blog.naver.com/leescomm

인스타그램
instagram.com/leescom

유튜브
www.youtube.com/c/leescom

유익한 정보와 다양한 이벤트가 있는 리스컴 SNS 채널로 놀러오세요!